科学のとびら47

山頂はなぜ涼しいか

熱・エネルギーの科学

日本熱測定学会 編

東京化学同人

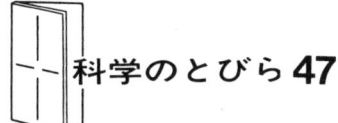

目次

第一章　物質の温度と熱運動――熱さ・冷たさとはなんだろう　……1
Q1　熱と温度はどう違う？　……2
Q2　物質の体積はどうして温度によって変化するのか？　……6
Q3　耐熱ガラスのなべはなぜ熱しても割れないのか？　……11
Q4　ゴムを伸ばすと温かくなるのはなぜ？　……16
Q5　温度はどうすれば測れるか？　……22
Q6　低温や高温には限りがあるか？　……27
第二章　熱のエネルギー――熱いものから冷たいものへ伝わるエネルギー　……31
Q7　熱量の単位はどのように決められているか？　……32
Q8　水はなぜ温まりにくく冷めにくいのか？　……37
Q9　金属はなぜ熱をよく伝えるのか？　……44
第三章　エネルギーの保存と変換――エネルギーは移ろいやすいが不滅である　……49
Q10　エネルギーが「保存」されるとはどういうことか？　……50
Q11　発電所では電気はどのようにしてつくられるか？　……56

Q12 太陽光発電・燃料電池・風力発電などの原理は？……62
Q13 手と手をこすりあわせるとどうして温かくなるのか？……66

第四章 状態変化とエネルギーの出入り――固体・液体・気体間の変化とはなんだろう……71
Q14 保冷剤や冷却パックはなぜものを冷やすことができるのか？……72
Q15 冷却剤はどのようにしてつくるのか？……75
Q16 エアコンでなぜ冷暖房ができるのか？……79
Q17 水飲み鳥はなぜ水飲み動作を続けるのか？……85
Q18 ペットボトルに熱いお湯を注ぐと変形するものがあるのはなぜ？……89

第五章 化学変化とエネルギーの出入り――ものが変化するとはどういうことだろう……95
Q19 化学カイロはどうして温かくなるのか？……96
Q20 鉄粉やスチールウールが燃えるのはなぜ？……101
Q21 ものを加熱するとどんな変化が起こるか？……105
Q22 ガスを燃やして冷却する冷蔵庫とは？……110

第六章 光・電磁波とエネルギー――光や電磁波はどのように利用されているのだろう……117
Q23 遠赤外加熱で調理した料理はなぜおいしいか？……118
Q24 電子レンジで食品が加熱できるのはなぜ？……122

Q25　花火の鮮やかな色はどうしてでるのか？……127

第七章　地球の環境・気象とエネルギー——太陽エネルギーがもたらすものとは……133

Q26　山頂はなぜ涼しいか？……134
Q27　フェーン現象はどうして起こる？……138
Q28　地球温暖化はなぜ起こるのか？……143
Q29　人類が消費しているエネルギーはどのくらい？……149
Q30　「省エネルギー」のためにはどうすればよいか？……153

第八章　宇宙のエネルギーとエントロピー——万物は流転する……159

Q31　地球が太陽から受けるエネルギーはどのくらい？……160
Q32　太陽の表面温度はどのようにして測るか？……165
Q33　宇宙のエントロピーが増え続けるとどうなる？……171

もう少し知りたい人のための参考図書／参考資料……177
あとがき……183
索　引

第一章　物質の温度と熱運動

——熱さ・冷たさとはなんだろう

Q1 熱と温度はどう違う？

〈A〉

日常会話ではよく、「風邪をひいて寒気がするので、体温を測ったら四十度（℃）も熱があった」というような表現をします。しかしこれでは、「熱の大小を表すのが温度で、その単位が度（℃）である」ということになり、科学上の表現としては正しくありません。熱の大小を表す熱量は、ジュールまたはカロリーを単位として表します。

熱と温度の違いを湯たんぽを例にして説明します。湯たんぽは寝床で暖を取るための金属や陶製の容器で、中にお湯を入れ、厚い布にくるんで使用します。同じ大きさの湯たんぽを二つ用意し、一方には八十℃のお湯を一リットル入れ、他方には同じ温度のお湯を二リットル入れます。どちらの湯たんぽが暖房効果が大きいかはいうまでもありません。二リットルのお湯の熱量は一リットルのお湯の熱量の二倍だからです。湯たんぽの湯量を増やすと、それに比例しただけ熱量が増えます。つまり熱量は足し算ができます。科学の言葉で表現すると、「熱は示量性の物理量」です。ところが同じ温度のお湯をつぎ足しても温度は変わりません。すなわち温度はお湯の量に無関係であることがわかります。このような性質を示強性というので、「温度は示強性の物理量」となります。熱と温度は似ているようで、実は大きな違いがあるのです。

熱というのは、温度の高い部分から低い部分に移動するエネルギーのことをいいます。正常な体温の人が、体温四十℃の人に触れたら、熱が流れ温かく感じるので、風邪をひいた人を「熱がある」と表現するわけです。体温は熱が流れるかどうかの目安を与えますが、熱量そのものの大小を測っているわけではありません。

解説 1　熱

十八世紀に幕開けした近代科学の中に、三大力学といわれる力学・電磁気学・熱力学があります。天才ニュートンが体系化したのが力学（二十世紀に量子力学が誕生したので、ニュートン力学を古典力学ともいいます）、天才マクスウェルが体系化したのが電磁気学です。他方、十八世紀にイギリスで始まった産業革命で、手工業から機械工業に移行したとき、蒸気を利用した熱機関を動力源にしたことから、熱力学の必要性が生じました。ところが熱力学を学問体系として確立するには、大勢の科学者の研究と長い年月が必要でした。体系化が遅れた理由は、熱がエネルギーの一種であることを理解するのが困難だったからです。遅れたもう一つの理由は、熱力学の体系化には、非力学量である「熱」と「温度」を導入しないといけなかったことです。

熱は物質を構成している多数の粒子（原子・分子・イオンなど）の重心が移動する運動（並進運動）、分子などの形がゆれ動く運動（分子内振動）や、分子やイオンの回転（分子回転）に基づく運動のエネルギーが、物質の高温部分から低温部分に移動することに対応します。

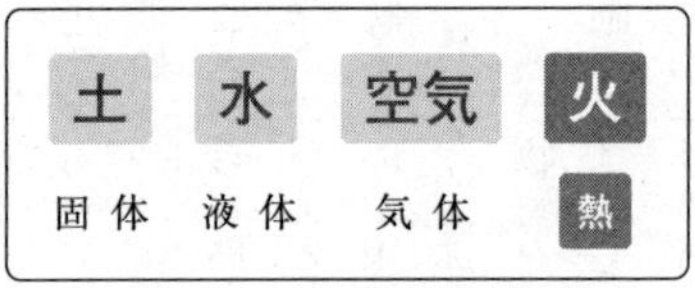

図 1・1　ギリシャ時代に唱えられた四元素説

現代の人たちは、「熱」をごく当たり前の概念として受け入れていますが、実はとても不思議なものだったのです。ギリシャ時代に四元素説が唱えられました（図1・1）。自然界は土・水・空気・火という四つの元素から成り立っているという説です。土・水・空気は固体・液体・気体という物質の三態に対応しますが、熱に対応する火は人々の理解を超えた難しいものだったのです。十八世紀になっても、熱を流動的な物質の一種とみなし、温度の高い部分から低い部分に流れる特性をもつとする熱素説や、ものが燃えるときに熱が出るのは、フロギストン（ギリシャ語の炎に由来する）という元素が逃げ出すためだとするフロギストン説がまかり通っていました。

一八四七年にジュールは熱の仕事当量に関する実験（図1・2）を行い、熱と仕事による力学的エネルギーの関係を明らかにしました。この実験から、熱がエネルギーの一種であること（Q7参照）や、エネルギーが保存されること（Q10参照）がわかったのです。

解説 2　温　度

温度は温かさの度合いを表す日常生活での用語として使われ始めたので、測定により定量的に表現できる長さ・質量・時間のような物理量とは異なると考える人がいるかもしれません。しかしそれは間違いで、温度はれっきとした物理量です。高等学校で学ぶボイルの法則やシャルルの法則から導かれる気体の性質を表す式（理想気体の状態方程式）では、絶対温度といわれる温度が物理量として用

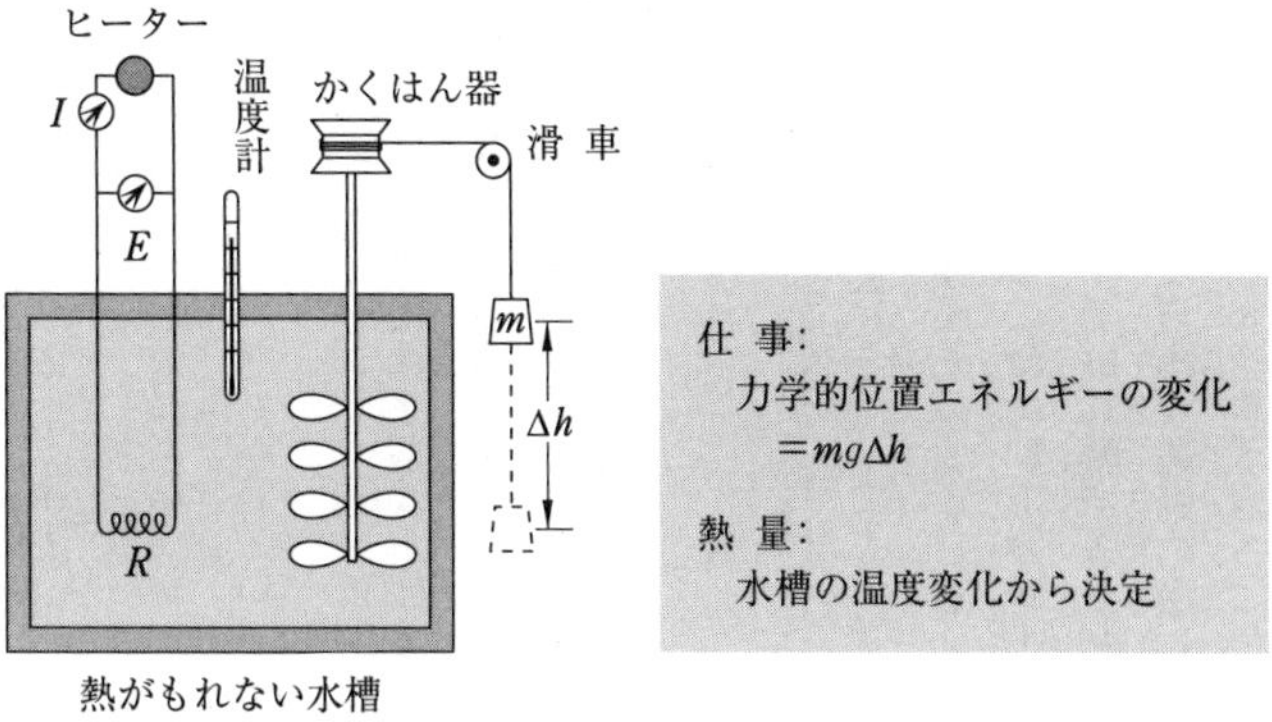

図 1・2　熱と仕事による力学的エネルギーの関係を明らかにしたジュールの実験（原理図）．質量 m の物体を，重力加速度が g のもとで Δh の距離を落下させると，力学的位置エネルギーの変化は $mg\Delta h$ である．このエネルギーがかくはん器（スターラー）の回転を通して水槽の温度を上昇させる．水槽の温度を同じだけ上昇させるのに，どれだけの熱量が必要かを調べるために電気ヒーターが用いられる（I：電流，E：電圧，R：抵抗）

いられています。

温度は物質を構成している多数の粒子の熱運動の激しさを表しています。熱運動が弱くなると温度が下がり、熱運動が止まった状態が温度の原点である絶対零度です。

ここで少し注釈をつけておく必要があります。原子や分子のようなミクロな世界では、ニュートン力学だけでは説明できない事態が生じ、量子力学を適用しなければなりません。量子力学では、粒子は絶対零度でも静止しないという興味深い結果を与えます。これについてはQ6を参照して下さい。温度の単位として摂氏（セ氏）温度目盛や華氏（カ氏）温度目盛、科学・技術の分野で使われる熱力学温度目盛ケルビンなどがありますが、これらについてはQ5を参照して下さい。

Q2

物質の体積はどうして温度によって変化するのか？

〈A〉

ほとんどの物質は温度上昇に伴って体積が増加します。この現象を熱膨張といいます。ただし、一部の物質では温度を上げると体積の減少が観測されます。このような場合「負の熱膨張」を示すということもあります。熱膨張は、単位熱量あたりの体積変化率ではなく、単位の大きさだけ温度を上げたときに体積が元の体積に対してどれだけの割合で変化したかで表します。これを熱膨張係数といいます。

「温度」とは物質を構成している非常に小さい粒子（分子や原子）の「でたらめな運動」（熱運動）の激しさを表しています（Q１参照）。物質の「でたらめさ」を表す量としてはもう一つエントロピーという量もあります（Q４参照）。エントロピーは「乱雑さ」を表す量で、同じ物質のでたらめさを比較するにはエントロピーを使うのが便利です。ところが違う物質の「でたらめさ」は単純にはエントロピーでは比較できません。この場合、温度を使うのが簡単です。

温度がでたらめな運動の激しさを表していることを前提に、熱膨張について考えてみましょう。満員電車にぎゅうぎゅう詰めになった乗客は停車駅で扉が開くとホームに出ます。このとき電車の中で同じ人数の乗客が占めていた床面積とホームの上で占める面積を比べると必ずホーム上の面積の方が大きくなっています。ホームに出た乗客は（全体としては出口に向かったとしても）それぞれが少しずつ違う速さで、また少しずつ違う向きに歩いているので、電車の中と比べると「でたらめさ」が増していることになります。

すべての物質は原子・分子という非常に小さい粒子がものすごい数（固体一立方センチメートルあたり十の二十二乗個程度）集まったものですから、駅の乗客と同じように、でたらめに動こうとするとたくさんの体積が必要になります。このように考えると、物質の体積は温度上昇につれて、すなわちでたらめさが増すにつれて増加する、つまり膨張することがわかります。

気体の熱膨張はほぼこのように理解することができ、常温常圧の気体（たとえば、ビニール袋に入れた気体）ではその種類にほとんどよらず温度が一℃上昇するとその体積は約三百分の一ずつ増加します。つまり、熱膨張係数は〇・〇〇三程度です。このとき、たとえば空気中の窒素や酸素分子はおよそ五〇〇メートル毎秒という猛烈な速さで飛び回っています。これに対し液体や固体では原子・分子の間に引力がはたらいているため熱膨張係数はかなり小さくなります。液体で〇・〇〇一程度、固体は物質により大きく異なりますが液体の十分の一程度です。

「電車の乗客」モデルで考えるとどんな物質も温度を上昇させると膨張しそうですが、実際には収縮する物質もあります。実は、最も身近な物質である水も、〇―四℃の間では温度上昇とともに体積が減少します。しかし、水の話はもう少し後回しにして、まずわかりやすい例について考えてみましょう。

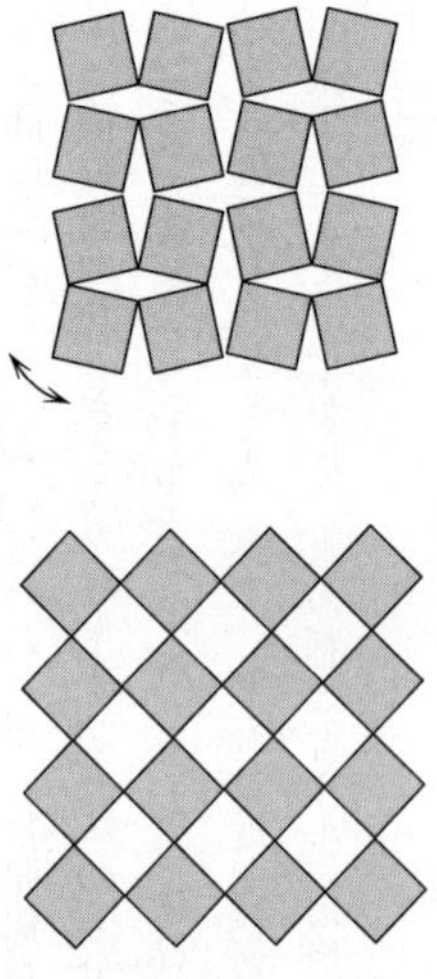

図 2・1　負の熱膨張のモデル

正方形を頂点でつないでみます（図2・1）。これはある種の固体（結晶）の構造模型です。正方形（灰色の部分）はいくつかの原子が強く結合した固まりだと思って下さい。頂点には両方の原子団（正方形）をつなぐ原子があります。温度が低いとき（下の図）、熱運動は活発ではありません。このとき体積はほぼ最大になります。温度が上昇すると熱運動が活発になり、隣り合った原子団の正方形が互いに逆向きに回転します（上の図）。このため、正方形の中心間の距離は熱運動が激しければ激しいほど短くなります。つまり、このような結晶は温度上昇につれて体積が小さくなるのです。実際に、このような仕組みで熱収縮（負の熱膨張）を示す物質が知られています。

なお、ここではどの方向にも収縮する模型を示しましたが、一般には結晶は方向により性質が違います（異方性をもつといいます）。このため熱膨張を表す場合も、ある方向にどれだけ伸びる（膨張する）かを線膨張係数により表し、体積変化の割合を体積膨張係数により表して区別します。異方性をもたない結晶では体積膨張係数は線膨張係数の三倍になります。

参考1　水の熱収縮

熱収縮する結晶の場合、低温で熱運動が活発でないときの構造にすき間があることが熱収縮の起きる要因の一つです。水が限られた温度範囲とはいえ熱収縮を示すのは、やはり分子サイズのすき間があるためです。

みなさんは氷が水に浮かぶことを知っていますね。実は固体（結晶）がその液体に浮かぶのはたいへん珍しく、身近な化合物ではごくわずかなのです。氷が水に浮かぶのは氷の密度（単位体積当たりの質量）が液体の水より小さいためです。つまり、水の結晶中には分子程度の大きさのすき間が規則正しく配列しているのです（その証拠に高圧では、すき間を埋めた約二倍の密度をもつ水の結晶が生じます）。

このすき間は水分子間に水素結合という結合が存在することによるものです。水素結合は一般的な分子間の相互作用に比べて強いだけでなく、方向性をもつという特徴があります。つまり二等辺三角形型の水分子の特定（二つの辺）の方向に強くはたらくのです。この水素結合の方向性が氷の構造にすき間をつくります。

氷が融けたからといって水素結合がなくなるわけではありません。このことは水が類似化合物（硫化水素など）の中では特別に高い沸点をもつことからわかります。氷が融けたばかりの〇℃付近の（液体の）水の中では水素結合はできたり切れたりしていますが、平均するとある程度の空間領域で氷に似た構造が保たれていると考えられています。つまり、すき間が保たれているのです。温度が上昇して氷に似た構造が壊れていくにつれすき間の量も減ります。このため水は四℃までは温度上昇につれて収縮し、密度が増加します。

氷が水に浮かぶことと、水の密度が四℃で最大になることは地球の環境を考える上でたいへん重要です。もし水にこうした性質がなかったら、気温が氷点下のとき、池の水は凍って池の底に沈んでしまいます。これが繰返されると池の水全体が凍ってしまうことになります。池の魚が生きていけないのはもちろんのこと、同じことが海で起きれば地球上にある水のほとんどが凍ってしまいます。

参考2　熱膨張の利用

熱膨張の身近な利用例としてアルコール温度計や水銀温度（体温）計があります。アルコールあるいは水銀と容器であるガラスの熱膨張の違いを利用し、温度計の温度を表示するのです。また、固体の熱膨張を利用すると温度変化により変形する便利な部品を作ることができます。この目的のために二種類の異なる金属をはり合わせたものをバイメタルといいます。温度変化によるバイメタルの変形により表示針を動かすバイメタル温度計は電池が要りません。加熱用ヒーターへの回路にバイメタルでできたスイッチを組合わせ、温度調節に用いることもあります。クリスマスのデコレーション用の点滅する電球にもバイメタルを使った電球を利用しているものがあります。

最近は技術が高度化し部品の寸法やその配置を光の波長（一マイクロメートル以下）程度に精密に制御する必要がでてきました。このような場合、普通の材料を使うと熱膨張により寸法や配置が狂ってしまいます。これを避けるには温度を厳密に一定に保つか熱膨張のない物質を使う必要があります。先に紹介した「負の熱膨張」を示す物質は適当な物質と組合わせることにより見かけの熱膨張をなくすことができるので、応用を目指した研究が進められています。

Q3

耐熱ガラスのなべはなぜ熱しても割れないのか？

〈A〉

耐熱ガラスのなべは、電子レンジやオーブンに入れたり、直火《じかび》で加熱することができます。また、調理中にも中身が見えて料理のでき具合もわかることから、たいへん便利な道具です。さらに、表面は硬く、見た目にも美しく、酸や塩分にも侵されないこと、低温にも強いことから、冷蔵庫内の保存用の器としても利用され、家庭の台所を美しく、楽しい場所とする一助ともなっています。

ガラスが割れるのは、通常、高い所から落としたとき、熱湯を容器に入れたり、熱い状態で冷たい場所に置いたときなどです。前者のような衝撃に耐える工夫をしたものが強化ガラス（解説１）、後者のような高温、高温度差に耐える工夫をしたものが耐熱ガラスです。耐熱ガラスは無機物質であり、種々の酸化物から生成したイオンから成っています。たくさんの陽イオンと陰イオンが静電気的に相互作用して、異種イオンは引き合い、同種イオンは反発し合って、イオンどうしは一定の距離を保っています。

ガラスのコップに熱湯を入れると、瞬間にコップの内側の温度は上がり、イオン間の距離が広がってガラスが膨張します。一方、コップの外側の温度は元のままで、イオン間の距離も元のままに保持されています。このために、コップの内側と外側の間でひずみが生じ、傷などがある特定の弱い部分のイオン間距離が限界以上に広がってガラスが割れることになります。したがって、熱しても割れない良好な耐熱ガラスであるためには熱膨張係数（温度を一℃上げたときの体積変化の割合）が小さいことが重要です。また、熱伝導率（一メートルにつき一℃の温度差があるとき、一平方メートル当たりに流れる熱量）が大きいと温度差が解消する方向に熱の移動が起こることから、熱電導率が大きいことも良好な耐熱ガラスであるために有効です。割れずに耐える限界の温度差（耐熱温度差）は、通常、ガラスを熱してH℃にした後、すぐにL℃の水に一分間浸しても割れない値（HマイナスL）℃として表示されています。

耐熱ガラスとしては耐熱温度差が大きいほど良いことになります。大きな耐熱温度差を得るために、ガラスを構成する酸化物の種類（解説2）を変える工夫がされています。一般に、ホウケイ酸ガラス（パイレックスなど）が耐熱ガラス（耐熱温度差一二〇–四〇〇℃以上）、石英ガラス（シリカガラス）が超耐熱ガラス（耐熱温度差四〇〇℃以上）として利用されています。

特別なガラスを除いて、ガラスを構成しているイオンは、液体と同じランダムな並びをしています。耐熱ガラスの温度を上げていくと、ガラス転移（解説3）温度より少し高い温度で軟化し、さらに水のような液体になります。したがって、耐熱ガラスを製作するには、軟化温度より高い、適度の軟らかさを示す温度（作業点）に熱して、希望の形状に成型した後、ゆっくりと冷却してガラスの固体とします。耐熱ガラスは、大きな温度差を受けても割れにくいとともに、直火にも耐えるなど、一般に高い温度でも使えますが、このことはガラス転移温度や軟化点・作業点が高いことを意味しています。

解説１　強化ガラス

普通のガラスに比較して衝撃に強いガラスです。高い所から落下したときなど、ガラスが衝撃を受けたとき、その表面は圧縮する力を受けます。この力に耐えられるように表面に圧縮応力をもたせたガラスで、①ガラス全体の温度を軟化温度付近まで上げた後、冷たい風または液体を表面に当て、内部より表面を急冷する、②表面近傍の、たとえばナトリウムをカリウムに化学的に置換する、あるいは、③ガラス転移温度以上に温度を上げて表面近傍に細かい結晶粒子を誘発・分散させる、などにより作製されています。

解説２　ガラスの酸化物組成と特性

多くの元素が酸化物を形成しますが、アルカリ金属元素（ナトリウム、カリウムなど）やアルカリ土類金属元素（カルシウム、バリウムなど）の原子は液体状態においてそれぞれ独立したイオンとして存在します。一方、ケイ素(Si)やホウ素(B)原子はSi-O-SiやB-O-Bの共有結合を形成して巨大イオンとなる傾向をもっています。共有結合は一般にイオン結合よりも強く、温度変化に伴う原子間距離変化（したがって熱膨張係数）は比較的小さく、ガラス転移温度や軟化点は高くなります。また、熱伝導率も大きくなっています。このために、ホウ素とケイ素の酸化物を多く含むホウケイ酸ガラスが耐熱ガラスとして利用されることが多く、ケイ素酸化物のみから成る石英ガラスは超耐熱ガラスとして利用されます。これらのおよその酸化物組成と特性を、窓や瓶などに用いられる並ガラス（ソーダガラス）と比較して表３・１に示します。耐熱温度差は十ミリメートル程度の厚さ板に関する

表 3・1　典型的なガラスの種類と特性†

ガラスの種類	並ガラス（ソーダガラス）	ホウケイ酸ガラス（パイレックス）	石英ガラス（シリカガラス）
酸化物組成（%）	SiO_2 72 Na_2O 15 CaO 10 B_2O_3 2 Al_2O_3 1	SiO_2 80 B_2O_3 13 Na_2O_3 4 Al_2O_3 2 K_2O 1	SiO_2 100
熱膨張係数（℃）	92×10^{-7}	33×10^{-7}	5.6×10^{-7}
熱伝導率（$W\ m^{-1}\ s^{-1}\ {}^{\circ}C^{-1}$）	0.8	1.1	1.4
耐熱温度差（℃）	30〜70	100〜200	1000 程度
最高使用温度（℃）	450（110）	500（230）	1100（900）
軟化点（℃）	700	850	1600
作業点（℃）	1000	1250	2000

† "実験化学ガイドブック", 日本化学会編, p. 761, 丸善（1984）；"化学便覧 基礎編 改訂５版", 日本化学会編, p I－697, 丸善（2003）による.

ものです。軟化点はたわみが始まる温度としています。最高使用温度の数値は短時間使用する場合のもので、括弧内の数値は継続的に使用する場合のものです。

解説 3　ガラス転移

図3・1は物質の典型的な凝集状態としての結晶、液体、ガラスについて多く見いだされる温度と体積の関係を示しています。物質は分子やイオンから構成され、分子やイオンは温度に依存しながら常に振動しています。分子やイオンが規則正しく整列した結晶の温度を上げていくと、しだいに振動幅が大きくなり、体積も増大します。融点では、分子やイオンの並びがランダムな液体となり、体積は急激に増大します。

液体を冷却していくと、結晶としての分子やイオンの整列が形成されない場合には融点以下の温度でも液体として存在する過冷却とよばれる状態になります。過冷却状態では、分子やイオンの並びはランダムな状態ですが、冷却していくにつれてエネルギーがより低い並びを取り、振動幅も小さくなるため、体積は減少していきます。この分子やイオンの並び換えに要する時間も冷却していくにつれて長くなります。その時間が私たちの生活時間（一時間、一日）に相当する温度をガラス転移温度とよんでいます。この温度以下では、分子やイオンの並びを液体のままに保った固体となり、この物質状態をガラスとよんでいます。ガラスは固体であるために、窓ガラスなどとして利用される一方、その形状を変化させようとすると、割れることになります。ガラスを冷却していくと、分子やイオンの振動幅が小さくなり、体積は減少します。しかし分子やイオンの並び換えがないために、熱膨張係数は液体より小さくなり、ガラス転移温度で体積変化に折れ曲がりが観測されます。熱したガラスを空気中で成形しようとすると、数秒のうちに冷却して固くなることから、ガラス細工はガラス転移温度より相当に高い温度（作業点）で行わなければなりません。しかし、温度が高すぎると、水のような液体となって流れてしまい、作業が困難となります。

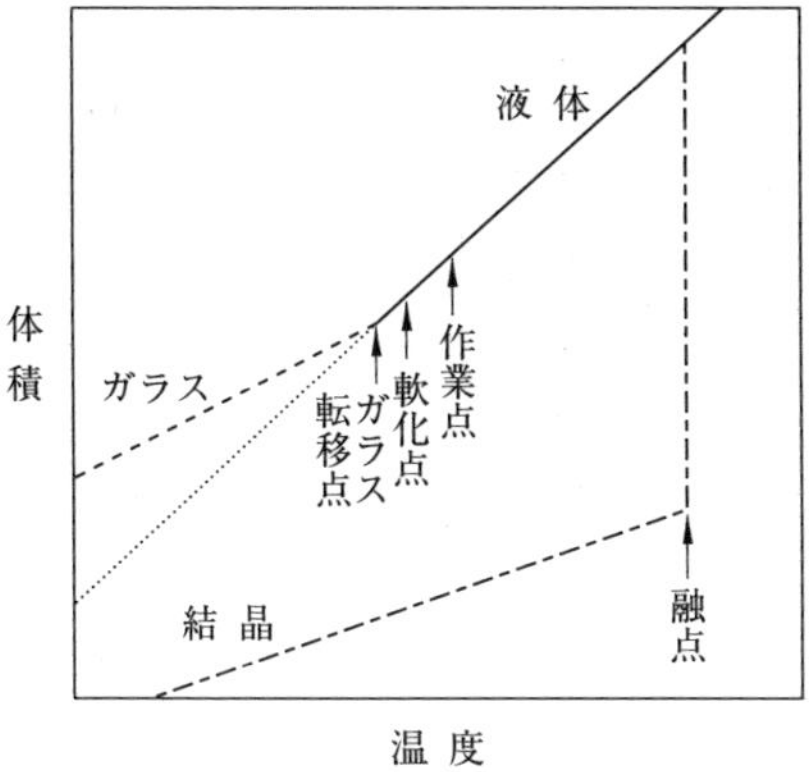

図 3・1　ガラス，液体，結晶の温度と体積の関係．----- はガラス，—— は液体，---- は結晶の体積の温度変化を表す．……… は，液体がガラスにならず，液体のままにあった場合に予想される仮想的な体積の温度変化を表す

Q4

ゴムを伸ばすと温かくなるのはなぜ？

〈A〉

はがねのばねとゴムひもはどちらも同じように伸び縮みしますが、ばねはらせんになっていて、ゴムひもはごく普通の棒状の形をしていますね。ばねの変形を詳細に見ると、各部分のわずかなねじれ変形がつぎつぎと足し合わさって全体として大きい伸びになることがわかります。真っすぐな鉄の針金をゴムと同じように引き伸ばそうとしても、非常に硬くてとても伸ばせません。無理やり引き伸ばすと数パーセントも伸びる前に切れてしまいます。しかし輪ゴムは、長くなると同時に細くなって、簡単に五倍くらいの長さに伸びます。同じように見える伸縮ですが、ゴムと金属バネの伸び縮みはたいへん異なる現象で、ゴムの伸縮には熱力学の最も大切な原理（熱力学第二法則）が隠れています。この節ではその細部を眺めてみましょう。

輪ゴムを数倍の長さに引き伸ばして、すぐに唇の近くに当ててみてください。少し温かいでしょう？　つぎに、輪ゴムを引き伸ばしたまま、一分間くらい空気の温度になじませ、それから収縮させて、すぐ皮膚に触れると今度は少し冷たく感じられます。ゴムをなめるのがいやでない人は（少し苦いですが）、ゴムを口に含んだまま伸縮させてみて下さい。温度変化がもっとはっきりと実感されま

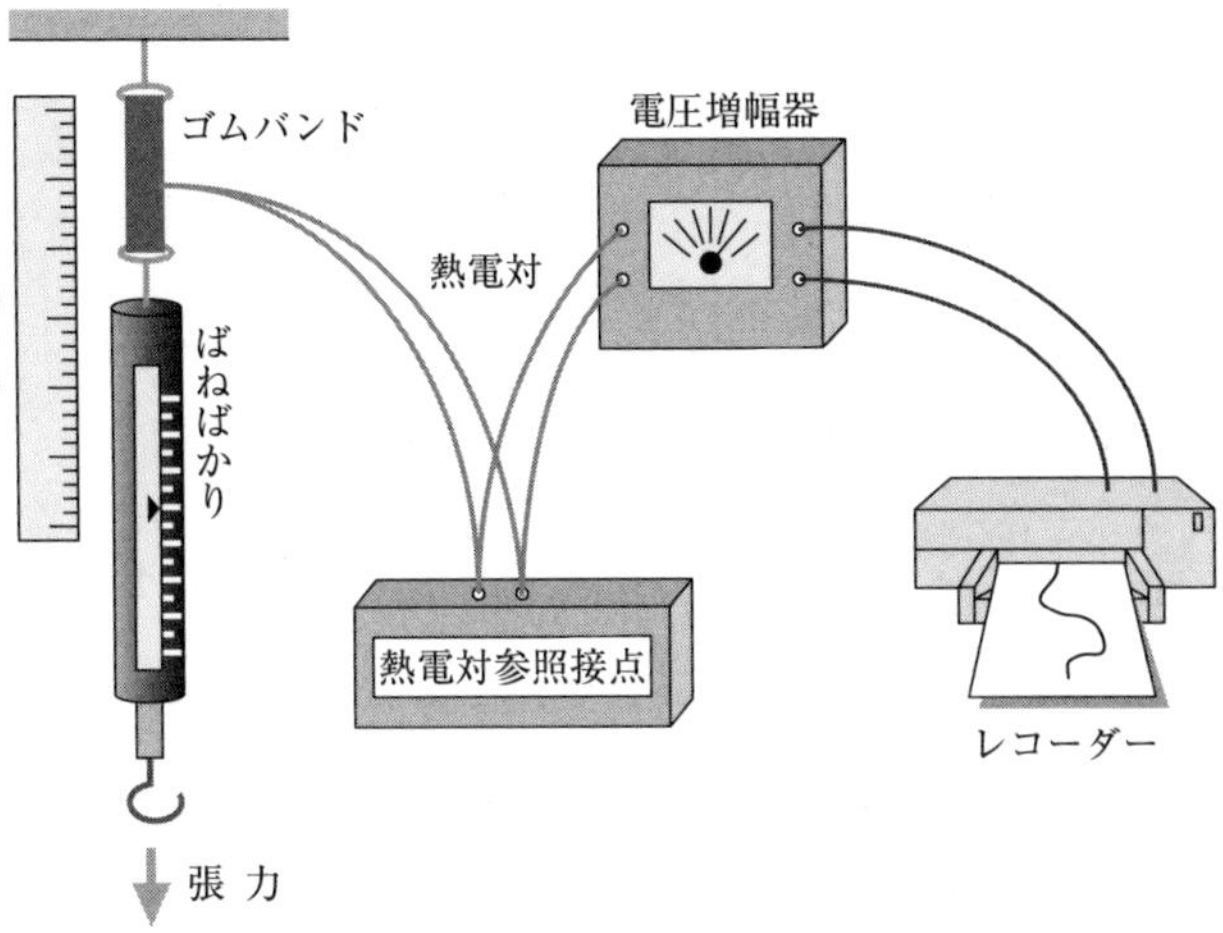

図 4・1　ゴムバンドの温度変化を測る．温度センサーとして用いる細い（0.1 mm 径）熱電対は熱容量が小さいので，ゴムバンドの温度変化を即座に感知する．熱電対起電力を感度の良い電圧増幅器で増幅し，レコーダーに記録する

す。金属のばねで同様の実験をしても温度変化は感じられません。そうです、ゴムの伸縮には温度変化が伴うのです。

幅広のゴムバンドに熱電対を挟んで伸縮させると、温度変化を定量的に測定することができます（図4・1）。図4・2に測定結果を示します。縦軸が時間、横軸が熱電対の起電力を温度変化に換算したものです。右に振れると輪ゴムの温度が上がったことを表します。大小の右向きピークがありますが、ピークの左に記入した張力と比べますと、張力が大きいほど温度変化も大きいこと、また一—二℃の温度変化が起こることがわかります。伸ばしたまましばらく空気中で冷まして収縮させると、今度は室温以下の温度が実現できます。つまり冷凍機の原理ですね。

この実験の大事な点は、ゴムを伸ばすと

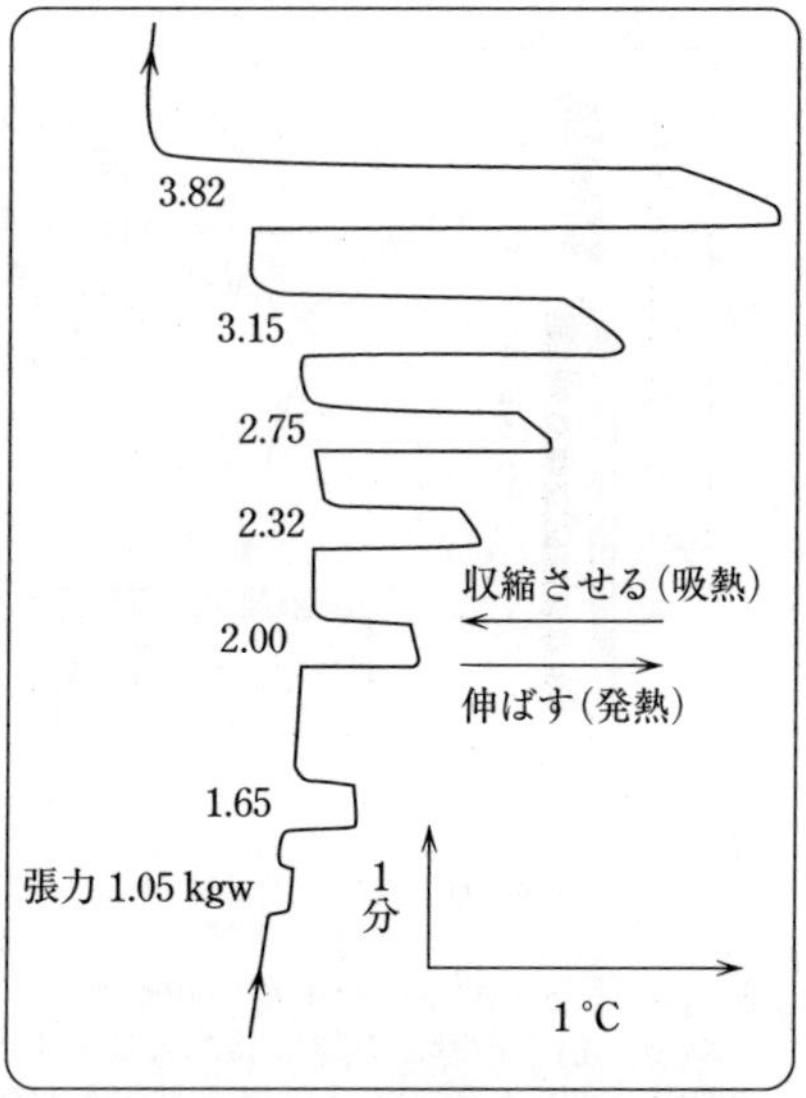

図 4・2　ゴムバンドの張力と温度変化の関係

きに上がった温度が、直後の収縮によって完全に元に戻ることです。もう一度引き伸ばすとまた同じだけ温度が上がります。つまり、ゴムの温度変化は可逆的なのです。「直後の収縮」というのは熱の出入りが起こる前に収縮させるという意味で、一般に熱の出入りのない（つまり熱を絶った）変化を断熱変化といいます。この実験はゴムに断熱可逆変化を経験させたのです。

ゴムを伸ばすとき腕力がゴムに対して仕事をします。「仕事をする」とは力をはたらかせて力の方向に動かすことです。ゴムが縮むときゴムは腕に対して仕事をします。このときエネルギーの変化が差し引きゼロであることは、ここで実験的に示したわけではありませんが、容易に納得できますね。つまり「エネルギー保存則」です。熱力学第一法則ともいいます。これについてはQ10をご覧ください。

でもエネルギーのほかにもう一つ差し引きゼロになる量があることを、この実験は示しています。それはゴムを引き伸ばすと熱として表れ、収縮させると熱以外の形に変化し、もう一度引き伸ばすと再び同じだけの熱として現れる「何か」です。この「何か」は断熱可逆変化に際してゴムの中に保たれる量です。エネルギーは腕とゴムのあいだを行き来しますが、その「何か」は伸び縮みの全過程を通してゴムの中に留まっています。というのは、真空中でこの実験をしても同じ結果が出るうえ（熱が周囲に逃げないので、もっと実験しやすい）、ゴムを引張る金具は力を伝えるだけだからです。断熱可逆変化の間ゴムの中に留まるこの「何か」をエントロピーとよびます。

エントロピーは乱雑さの程度を表すと聞いた人もあるでしょう。乱雑さの程度とはきわめて漠とした印象を与えますが、実のところ、エントロピーは非常にはっきりと定義された量です。ある意味でエネルギーよりきっちりとした量と言えます。たとえば、二十五℃、一気圧の部屋に置かれた一〇〇グラムの水のエントロピーは、三八八・三ジュール毎ケルビンです。この単位ジュール毎ケルビン（J／K）は、エネルギーを温度で割った次元です。エネルギーよりきっちりと決まった性質だというのは、エントロピーのゼロ（原点）が自然によって決められているからです。つまり絶対温度ゼロ度はすべての原子の運動が止まった状態で、その状態がエントロピー値ゼロの原点です。このことを熱力学第三法則といいます。これに対して、エネルギーは位置エネルギーの原点をどこに選ぶかが決まっていません。エネルギーについて「水一〇〇グラムのエネルギーは、二十五℃一気圧のもとにおいて、しかじかである」とはいわないのはこのためです。

さて乱雑さですが、物質の乱雑さは、与えられた条件（温度、圧力など）のもとで、原子や分子が何通りの位置や運動速度を取りうるかという数で表されます。原子・分子の状態を微視的状態とよび、これに対して温度・圧力などで表す状態は巨視的状態とよびます。原子分子の位置や運動速度が幾通りあるとどうして数えることができるのだろうと不思議に思うかもしれませんが、状態の数を数える自然な単位があって、それによって状態の数が数えられるのです。

さて、温度一定、圧力一定のもとに一〇〇グラムの水があるとします。多数の水分子からできているわけですが、各瞬間にそれぞれの分子は一つの状態にあります。つぎの瞬間には、分子は別の状態に移ります。たまたま同じ状態に留まる分子もあるでしょう。同じ温度と圧力のもとにありながら各分子はさまざまの状態をとることができます。十分長く観察するとすべての微視的状態が出尽くします。微視的状態の数とは多数の水分子が全体として幾通りの状態にありうるかというその数です。これは非常に大きい数になるので、数そのものより、その数の桁数が乱雑さの目安となります。一般に数の桁数は対数で表されるので、エントロピーは微視的状態数の対数に比例する量だということになります。この点については次ページの「微視的状態の数とエントロピー」を見てください。

乱雑さが力（輪ゴムの張力）となぜ関係するのかとだれしも不審に思いますね。それはつぎのように説明されます。輪ゴムの微視的状態には化学物質としてのゴム（炭化水素高分子）の分子振動と、高分子物質のとるさまざまの分子形態という二つの面があります。高温では分子振動が激しく、その面の微視的状態の数は多くなります。しかし分子振動は高分子の分子形態にほとんど影響されません。他方、分子形態は伸縮によって大いに影響されます。ゴムの高分子は犬の鎖のようなもので、一本の鎖の両端が近くにあると鎖はいろんな形をとることができますが、両端が遠く隔たると、とりうる形態の数が減少します。極端な場合、犬が飼い主を引きずるときのように、鎖が伸び切り、そのとき微視的状態の数は一となります。つまり、ゴムを引き伸ばすと、途中で折れ曲がる余裕がないとい

微視的状態の数とエントロピー

微視的状態の数 W とエントロピー S はつぎのボルツマンの式で結び付けられます．

$$S = k \ln W$$

k はボルツマン定数 1.381×10^{-23} J/K，ln は自然対数です．

二つの物質を隣り合わせに並べた系のエントロピーはそれぞれのエントロピーの和です．他方，微視的状態の数はそれぞれの微視的状態の数の積で与えられます．なぜなら，一方の物質の一つ一つの微視的状態にもう一つの物質の全微視的状態を割り当てることによって，全体の微視的状態の数が計算されるからです．二つの数の積の対数はそれぞれの数の対数の和になります．それで，微視的状態の数の対数がエントロピーになるのです．あとは比例係数を決めればよろしい．比例係数は気体定数をアボガドロ定数で割ったものに等しく，これが上に述べたボルツマン定数です．

う単純な理由で微視的状態数が減少します。その結果、分子形態の乱雑さから生じるエントロピーは減少します。そのエントロピーはどこへ行くか？　断熱条件下にあるので、どこへも行けないでゴムのなかに留まります。分子振動がそのエントロピーをひき受けて温度が上がるというわけです。

ゴムを収縮させるときは逆のことが起こります。すなわち収縮すると高分子の微視的状態数(分子鎖の取りうる形の数)が増え、エントロピーが増大します。そのエントロピーは分子振動から移ってきますので、その温度が下がります。つまり、引き伸ばす力が弱いならば、ゴムは、自分自身の熱エネルギーを消費してまで、さまざまの形態を取ることのできる状態へと収縮します。ゴムの張力は、無秩序へと向かおうとする物事の本性の表れだといえます。Q15・16・26もご覧ください。

Q5

温度はどうすれば測れるか？

〈A〉

わたしたちは、いろいろな種類の温度計を日常生活の至るところで使っています。寒暖計や体温計、台所には冷蔵庫のように自動温度制御できる装置までそろっています。それらの温度計が正しい温度を示すことによって、わたしたちは快適な生活が送れるのです。それでは、温度計の目盛はどのようにして決められたものなのでしょうか。また、正確な温度を測るにはどうしたらいいのでしょうか。

「熱い」「冷たい」という一見、抽象的な物理量に目盛を付ける作業は、歴史的にいろいろ試みられてきました。十八世紀のヨーロッパではすでに二十種類以上もの温度目盛が世間に流通していたようです。さぞ混乱したことでしょう。日本でも華氏（カ氏）温度目盛（ファーレンハイト温度目盛、記号℉）と摂氏（セ氏）温度目盛（セルシウス温度目盛、記号℃）くらいは知られています（解説1および2）。どちらの目盛も、適当に選んだ二点の温度に適当な値を与え、その間を等分しています。

昔ながらの寒暖計や体温計では、アルコールや水銀の体積が温度に対してほぼ直線的に変化するのを利用して温度を分割しています。日常生活にはこれらの目盛で十分です。

しかし、厳密さが要求される科学では、熱力学温度目盛（ケルビン温度目盛、記号K）が非常に重要です（解説３）。自然には温度の低温限界が存在します（Q６参照）。したがって、それをゼロ点とすれば、別の一点の基準を定義するだけで概念的には目盛ができあがってしまうのです。その別の一点として採用されているのが水の三重点温度です。しかし、実際に任意の温度を測るとなると温度計が必要で、そのためには国際温度目盛（解説４）を使うことになります。現在では、入手した温度計が検定済みのものであれば、その目盛は、さかのぼっていけば国際温度目盛に行き着くような国際的なシステム（トレーサビリティー）が確立されています。

さて、つぎは温度の正しい測り方です。温度計は大きく分けると、測りたい物体に接触させて測るタイプと、離れた位置から測るタイプがあります。

放射温度計は後者です。太陽の熱は、宇宙が真空であるにもかかわらず光というかたちで伝わってきます。その光を分析（分光）することによって、物体に接触することなく温度測定が行えます。放射温度計では正しく分光するための仕掛けが必要で、そのための校正が行われます。

一方、接触型の温度計には熱電対、測温抵抗体、サーミスター、液柱温度計、バイメタル式温度計など多種多様なものがあります。正しく温度を測るには、これらの温度計が、国際温度目盛に準拠して正しく校正されていることだけではなく、正しく温度計を使うことが必要です。細かな注意はそれぞれ異なりますが共通する点は、温度計と物体の接触を確実にすること、温度計を取り付けたことによる影響をできる限り抑えることです（図５・１）。正確に温度を測定するためには、測っている温度（温度計の温度）と本当に測りたい物体の温度とが同じであるか、いつも気をつけておきましょう。

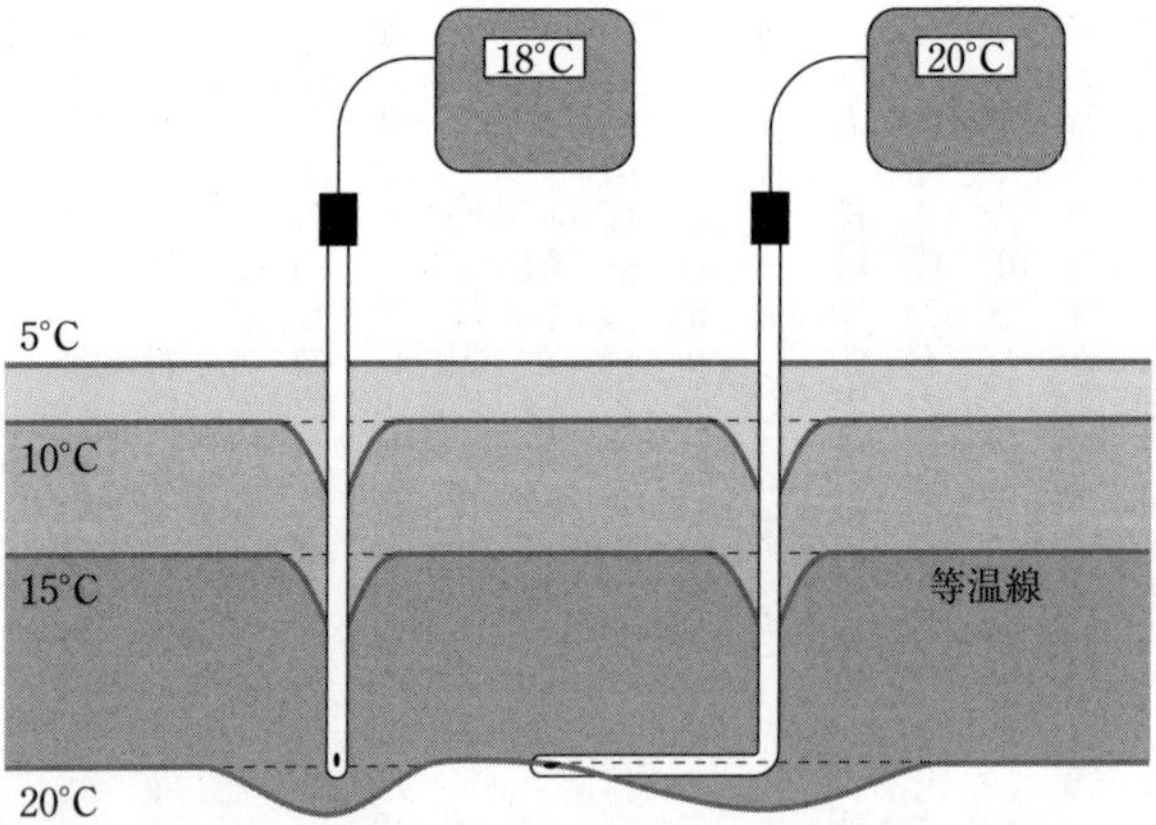

図 5・1　対象物体に温度分布がある場合の特定部分の温度の測り方．温度計を差込むことにより等温線に乱れが生じるので，右側のようにできるだけ元の等温線（---）に沿って温度計を挿入すること．左の温度計では 18 °C と測れてしまう．温度計の温度を測るのではなく，物体の温度を測るのが目的です

日常でも案外、正確な温度が必要です。体温を一℃でも測り間違っていると大変なことになります。

解説 1　華氏温度目盛

華氏温度目盛(ファーレンハイト温度目盛)は、ドイツの物理学者ガブリエル・ファーレンハイトが一七二四年に提案したもので、日本ではあまり普及しませんでしたが英語圏の国では一九六〇年代まで気候、産業、医療の分野で主流になっていました。一九七〇年代にかけて各国で行われたメートル法への切替えにより、セルシウス温度の導入が行われたにもかかわらず、現在でも日常生活では広く使用されています。水の氷点を三二℉、沸点を二一二℉とし、この二点を一八〇分割しています。なぜこの温度値を選んだかには諸説がありますが、当時のアムステルダム市の極寒の温度、もしくは氷と塩の混合物（寒剤）で得られる最低温度を〇°F（マイナス一七・八℃）とし、体温を一〇〇°F（三七・八℃）としたというのが有力です。馬の血液温度を九六°Fとしたという説もあります。こうしておけばヨーロッパでは、たいていの温度は華氏目盛で〇―一〇〇の数値で表せるという便利さがあったのでしょう。

解説２　摂氏温度目盛

摂氏温度目盛（セルシウス温度目盛）は、スウェーデンのアンデルス・セルシウスが一七四二年に考案したものに基づいています。当初は、一気圧での水の凝固点を一〇〇℃、沸点を〇℃としていたのですが、その後、温度が高いほど値が大きくなるように逆転して定義され、この二点を一〇〇分割しています。その後の物理計測法の進歩と熱力学温度（解説３）の採用により、現在では、セルシウス温度は熱力学温度によって定義されています。

解説３　熱力学温度目盛

ファーレンハイト温度目盛もセルシウス温度目盛も、二つの温度定点を設定し、これに便利な温度値を勝手に与えて定義したものでした。こうした人為的な目盛と違って、自然には最低温度が存在するから、これにゼロという基準を与えるというのが熱力学温度目盛です。ただ、目盛の間隔を決めるにはゼロ点のほかに別の基準が一つ必要ですから、そのために水の三重点温度が採用され、それに二七三・一六K（〇・〇一℃）という値を与えています。今では、セルシウス温度目盛の目盛間隔は熱力学温度目盛（ケルビン温度目盛）のものに等しいと定義されています。科学的な概念に裏付けられ確立された熱力学温度目盛ですが、残念ながらこの目盛を備えた万能の温度計は実在しません。

解説4　国際温度目盛

使用する温度目盛が人や計器によって違い、国際的に共有性のないものであると非常に困ります。熱力学的に正確な温度目盛を使用すべきです。かといって、気体温度計などの熱力学温度計は実用に適しません。そこで、感度が良く、再現性に優れ、実際に使いやすい二次温度計を使うことになります。国際的な取り決めで設定される国際温度目盛では、目盛の作成のための指針を与えています。その歴史は、一九二七年（ITS-27）に始まり、一九四八年の大改訂（IPTS-48）を経て、一九六八年にはIPTS-68が制定されました。現在採用されている最新版はITS-90という目盛です。これらのほかにも修正版や暫定目盛がいくつも提出されました。改訂のたびに適用温度範囲の拡大、精度向上に伴う熱力学温度の見直し、実際面での使いやすさなどが検討され進化してきました。

Q6 低温や高温には限りがあるか？

〈A〉

低温には限界がありますが、高温には限りがありません。熱力学温度目盛（Q5参照）で表したときの絶対零度（ゼロケルビン）が低温の限界です。近年、超低温まで冷却する技術が向上したおかげで、今では十マイクロケルビン程度まで絶対零度に近づくことができます。もっと冷やせば何か新しい現象が見つかるのではないかと、現在でも最低温度の記録更新が世界で競われています。しかし、いくら技術が向上しても絶対零度には決して到達できないことが証明されています。これに対して高温には原理的な限界はありません。図6・1は、超低温から超高温までを対数目盛で表したものです。このグラフは対数目盛であるためにどちらにも限りなく続いています。

では、なぜ低温に限界があるのでしょうか。物質が膨大な数の原子や分子から構成されていることはよく知られています。それらがもつ運動エネルギーの平均値が、実は温度に比例しているのです。したがって、原子や分子の運動が全く止まってしまうのが絶対零度ということになります。しかし、ここで少し注意が必要です。絶対零度近くになると、ミクロの世界では日常の常識で理解できない、いろいろな現象が現れてきます。量子力学によれば、絶対零度であっても分子運動はゼロにはなりま

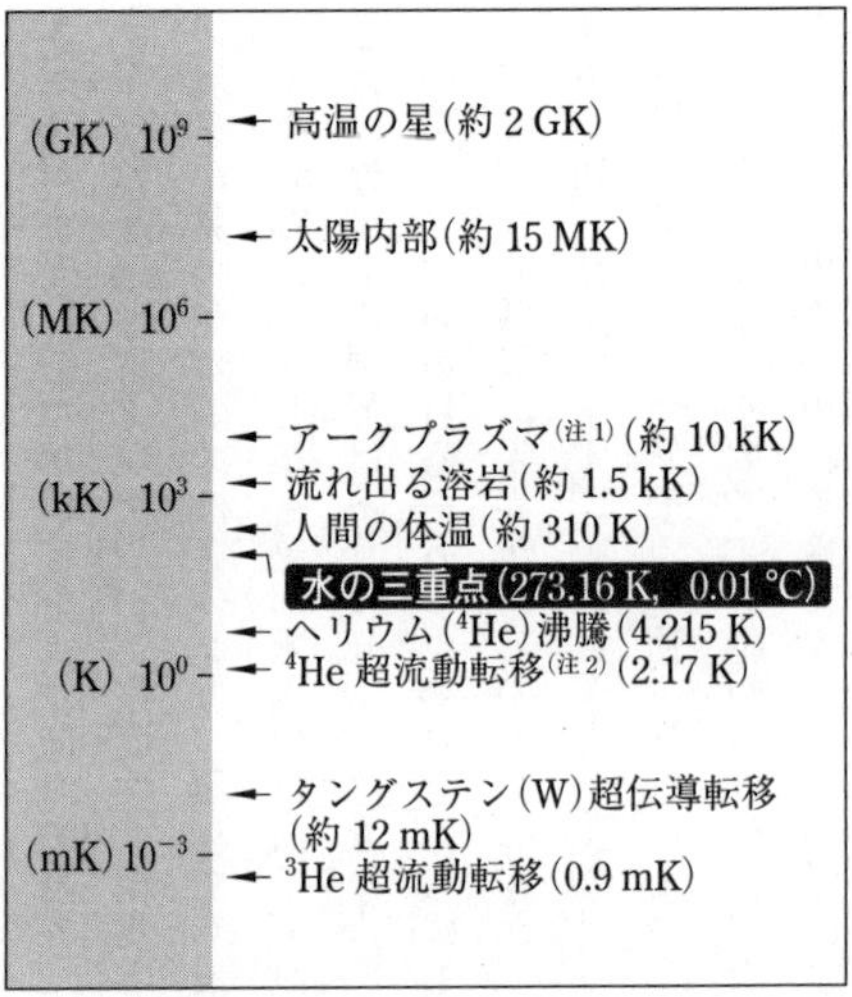

図 6・1　超低温から超高温までを対数目盛で表したもの

せん。すなわち、ゼロ点エネルギーというものが存在し、運動は決して止まらないのです。したがって正確には、「古典的な極限として、原子や分子の運動エネルギーがゼロとなる温度が絶対零度である」というのが正しい表現です。気体の法則の一つであるシャルルの法則からも、あらゆる気体の体積がゼロとなる温度として、ケルビン以前からすでに、自然界の温度には下限があると考えられていました。それが絶対零度なのです。

それではなぜ、高温には限界がないのでしょうか。極低温で量子力学的なふるまいが問題となる場合を除けば、熱平衡（解説１）の状態にあればボルツマン分布（解説２）が成り立つことがわかっています。温度は、原子や分子のエネルギー

（注１）電極間で激しい放電が起こると、原子や分子から電子が離れた高温の熱プラズマ状態になります。アークプラズマでは特に、電子やイオン、中性の気体原子・分子の温度が熱平衡に近くなっています。

（注２）液体ヘリウムでは、冷却したとき粘性が全くなくなる相転移が見つかっています。

分布を表す指標であり、逆に、温度が決まればエネルギー分布も決まります。もし、エネルギーの高い状態を含めすべての状態が等しい確率で取れるような状況があるとすれば、それは温度無限大といえます。したがって、高温には限界がないのです。

少し余談ですが、このような温度の概念は、ボルツマン分布が成り立たない非平衡な状態にも拡張することができます。たとえば、何らかの方法を使えば（分光学的には）エネルギーの低い状態から高い状態に汲み上げて、分布が逆転した状況を一時的につくりだすことができます。無限大温度を超えたこのときの温度は負です。実際、レーザーが発振するためにはこのような負の温度をつくる必要があります。しかし、熱平衡状態では決してこのような逆転分布は実現されません。熱平衡での高温限界は無限大温度です。

解説１　熱平衡

物体の温度は、まわりとの間でエネルギーのやり取りがない限り、十分長い時間が経てば内部で均一になり、ある一定の温度に落ち着きます。これは経験によって知っている事実です。また、温度の違う二つの物体を接触すれば、熱い物体から冷たい物体に熱が流れて（エネルギーの移動が起こって）、やがて同じ温度になります。十分長い時間が経った後のこれらの状態が熱平衡状態です。

解説２　ボルツマン分布

マクスウェルは、気体分子の速度はある分布（マクスウェル分布）に従い、その分布関数の形は温

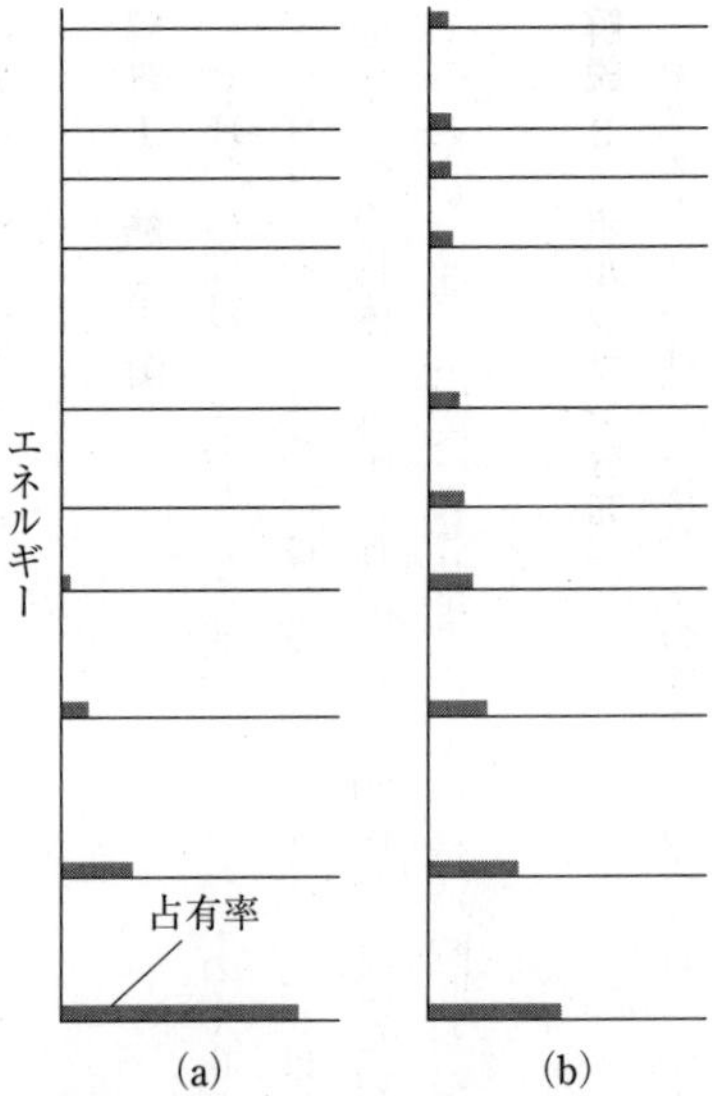

図 6・2　熱平衡では温度が決まれば，それぞれのエネルギーをもつ状態の割合はボルツマン分布で与えられる．(a) 低温，(b) 高温

度に依存していることを示しました。このとき、気体分子の平均運動エネルギーは温度に比例します。ボルツマンは、マクスウェルのこの考えを発展させ統計熱力学という学問を構築しました。温度が高いほどエネルギーの高い原子や分子の数が多くなり、平均エネルギーの大きさも増加します（図6・2）。ボルツマン分布は、ある特定のエネルギーをもつ状態の占有率を、そのエネルギーと温度の比の関数として表したものです。ボルツマン分布によれば、ある状態をとる割合は、その状態のエネルギーが大きいほど指数関数的に小さくなります。したがって、低温ではほとんどが最低のエネルギー状態を占めます。これに対して、高温ではエネルギーの高い状態にもかなりの割合で存在しています。しかし、平衡状態にある限り占有率が逆転することはありません。一方、極低温ではボルツマン分布に代わって、フェルミ・ディラック分布またはボーズ・アインシュタイン分布という量子統計が成り立ちます。電子のエネルギー状態や超流動現象は、これらの分布で説明されています。

第二章　熱のエネルギー

——熱いものから冷たいものへ伝わるエネルギー

Q7 熱量の単位はどのように決められているか?

〈A〉

熱い物体と冷たい物体を接触させると「熱」が流れて、やがてこれらの物体の温度が等しくなります。「熱」の本性が何かということは十九世紀前半の物理学の大問題でしたが、ようやく一八五〇年代になって、「熱」とは高温の物体から低温の物体にひとりでに移動するエネルギーであることがわかりました。

したがって熱の大小を表す熱量もエネルギーと同じ単位で測ることができます。SI(国際単位系)単位におけるエネルギーの基本単位にはジュールが用いられています。この名称は、熱量を精密に測定することによってエネルギー保存則の確立に多大な貢献をした科学者、ジュールにちなんだものです(Q1参照)。

ところでエネルギーとは力学的仕事をする能力のことですから、エネルギーの大きさは仕事の量によって測ります。力学の「仕事」は、物体に力をかけて動かしたとき、かけた力の大きさとその力によって動いた距離との積で表します。ジュールという単位は、物体に一ニュートンの力(約一〇〇グラムの重さに相当する力)を与えて、その物体を一メートル動かすのに必要な仕事(エネルギー)です。

熱量の測定は、熱がエネルギーの一つの形態であるということが明らかにされる以前から行われていました。一般に、物体が状態を変えないで熱を吸収するとき物体の温度が上昇します。したがって、その温度上昇を測定することによって流入した熱量の大きさを知ることができます。そのときに用いられたのが「カロリー」という単位でした。

一キロカロリーは一キログラムの水を一℃上昇させるのに必要な熱量（エネルギー）として定義されていますが、測定時の水の温度によってこの値が異なるため、正確に定義するにはその温度を指定しなければなりません。一九四八年の国際度量衡会議では、以後、熱量の単位にはジュールを使いカロリーという単位はなるべく使わないこととし、やむを得ず使う場合には、一キロカロリーが何キロジュールであるかを付記するという取決めがなされました。日本工業規格では、一キロカロリーは四・一八六〇五キロジュールであると定められています。

解説1　熱量の単位

基本単位として距離にメートル、質量にキログラム、時間に秒を用いる単位系をMKS単位系とよんでいます。すべての力学的な量は、時間と距離と質量を用いて表すことができますから、それらの単位は秒、メートル、キログラムを用いて表すことができます。たとえば、さきに述べたように仕事は力と距離の積ですが、力は質量と加速度の積なので、結局、

仕事 ＝ [質量×(距離／時間の二乗)] × 距離

となります。したがって、仕事のMKS単位は キログラム・メートル／秒の二乗 であり、これを

ジュールとよんでいるのです。

ここで、SI（国際単位系）単位の説明をしておきます。自然界で起こる熱や電気の現象を力学だけで説明することはできません。したがって、それらのことを説明するためには、新しい単位を導入する必要があります。そのような必要から一九六〇年に国際度量衡総会で制定されたのがSI単位です。SI単位は、メートル、キログラム、秒、アンペア（電流）、ケルビン（温度）、カンデラ（光度）、モル（物質量）の、独立するとみなされる七つの基本量で構成されています。

さてつぎに、日本工業規格は何を根拠にして一キロカロリーを四・一八六〇五キロジュールと定めたのかみてみましょう。〈A〉のところで説明したように、水温を一℃上昇させるのに必要な熱量（エネルギー）はわずかではあるが測定時の水温によって変化します。その結果、どの温度の水を基準にとるかで、一カロリーに相当するエネルギー（熱の仕事等量）が異なってくるのです。たとえば、一四・五℃から一五・五℃まで温度を上げるときのエネルギーは、一キロカロリー当たり四・一八五五キロカロリーとなります（これを十五度カロリーとよびます）。日本工業規格が採用している値の四・一八六〇五キロジュールは、〇℃の水一キログラムを一〇〇℃まで上げるのに必要なエネルギーの百分の一に近い数値です。

解説2　熱量の測定

一般に測定とは測定対象のもっている量をその単位量と比較することです。熱量測定の場合、熱量はエネルギーですからジュールを単位にして求めます。ニクロム線のような金属の抵抗体に電流を流したとき発熱することはよく知られていますが、抵抗体の単位時間の発熱量はその両端にかかる電圧とそこを流れる電流の積で与えられます（ジュールの法則）。したがってこの場合に発生する熱量（ジュール）は、電気的な仕事の定義によって、電圧（ボルト）と電流（アンペア）と通電時間（秒）の積として直接求めることができます。

しかし、温度の異なる二つの物体を接触させたとき高温の物体から低温の物体に流れる熱量を直接仕事の定義から求めるわけにはいきません。この場合には、たとえば低温物体が受け取った熱量はその物体の温度上昇を測ることによって求めることになります。すなわち、測定した温度上昇に物体の熱容量を掛けて求めるのです。ここで熱容量というのは、その物体の温度を一℃上げるのに必要な熱量のことです。したがってこの場合には、温度測定は熱量測定において最も基本的な測定となります。一八四五年にジュールが羽根車で水槽の水をかくはんしてその温度上昇を測るのに用いた温度計（Q1参照）は、二百分の一℃の温度差まで読み取ることができる液体温度計でした。現在では、数十万分の一度の温度差まで読み取ることができる超高感度センサーを用いて、マイクロワットレベルの極微量な熱の出入りを測定することのできる熱量計が開発されています。

参考　熱容量の単位

物体の温度は、その物体に流れ込む熱量に比例して上昇します。ただし、この温度上昇の程度は、物体の量（質量）およびその物質の特性によって大きく異なります。このうち物体の量については、その量を増やすときそれに比例した熱を加えなければ、同じだけ温度を上げることができないのは日常経験するところです。つぎに、物質の特性によって異なるという点に関しては、以下のような経験を思い出してみればわかると思います。夏の直射日光にさらされた金属ブロックはやけどするほど熱くなっているのに、空き缶に入っている水はそれほど熱くなっていません。

そこで、このような物質の熱的特性を表す量として熱容量という物理量が定義されています。熱容量とは、物質の温度を一度上げるのに必要な熱量です。SI単位では、物質の単位量として質量（たとえばグラム）を用いるときの熱容量を比熱容量、モルを用いるときはモル熱容量といいます。したがって熱容量の単位は、熱量をジュールで表すと ジュール／K・グラム または ジュール／K・モル となり、熱量をカロリーの単位で表すと カロリー／K・グラム または カロリー／K・モル となります。

〈A〉のところで述べたようにカロリーという単位は、国際単位としては推奨しがたいということになってはいますが、水の比熱容量がほぼ一カロリー／K・グラム、（〇℃のとき一・〇〇七五、十五度のとき〇・九九九カロリー／K・グラム）なので、水との比較に便利ということもあって、カロリーを用いた比熱容量の単位は現在でも使われています。なお、昔は比熱という語がよく使われましたが、その意味するものが熱量ではなく熱容量であるために、現在では国際的な約束に従って使われなくなりました。

Q8

水はなぜ温まりにくく冷めにくいのか？

水の温度を上昇させるためには、たくさんの熱量（エネルギー）を与えなければなりません。逆に水の温度を下げるためには、たくさんのエネルギーを水から奪わないといけません。だから水は温まりにくく冷めにくいのです。物質の温まりやすさ（温まりにくさ）はQ7で説明した比熱容量（比熱）を用いて表します。これは、一グラムの物質の温度を一℃だけ上昇させるのに必要な熱量として定義されています。ですから、水が温まりにくく冷めにくいのは、水の比熱容量が大きいからといえます。

〈A〉

水の比熱容量は、後で述べるように温度によりわずかに変化しますが、二五℃で四・一七九ジュール／℃・グラムです。これは一グラムの水の温度を二四・五℃から二五・五℃まで一℃だけ上昇させるには四・一七九ジュールの熱量が必要であるということです。なお一ジュールとは、一ボルトの電位差で一アンペアの電流を一秒間流したときに発生する熱量のことです。水が温まりにくく冷めにくいのは、この比熱容量の値が大きいからです。もちろん大きいというのは、他の物質と比べてという意味です。身のまわりの物質の二五℃における比熱容量の値を表8・1にあげました。この表を見る

表 8・1 いろいろな物質の25℃における定圧比熱容量（1gの物質の温度を1℃上昇させるのに要する熱量．単位は J ℃$^{-1}$ g^{-1}）

物質名	定圧比熱容量	物質名	定圧比熱容量
水	4.179	食 塩	0.850
銅	0.384	ベンゼン	1.74
金	0.129	ナフタレン	1.29
ダイヤモンド	0.510	メタノール	2.55
グラファイト	0.710	エタノール	2.42
鉄	0.448	石 英	0.739

と、明らかに水の比熱容量が一番大きく、たとえば鉄の比熱容量は水の約十分の一であることがわかります。だから同じエネルギーを与え続けたとき、鉄は水の十倍の速さで温度が上昇していきます。逆に冷めるのも速いことがわかります。（でも日常生活では鉄の温度が水の10倍も早く変化するようには感じられません。それは一グラム当たりでなく、体積当たりで受けとめるからです。つまり鉄の密度は水の約8倍ですから、同じくらいの大きさの鉄と水では、温度変化は8対10くらいとなってあまり違わなくなります。）他の物質と比べても水の値は群を抜いて大きいですね。実は水よりも大きな値をもつ物質としては、これまで低温での液体アンモニアしか知られていません。

「湯たんぽ」の話を聞いたことはありませんか。暖房設備がなかったころ、冬の寒い晩は布団に入ってもとても寒くて眠れませんでした。そんなとき湯を沸かして「湯たんぽ」という陶器や金属製の容器に入れ、それを布団に入れて寒さをしのぐのが普通のことでした。これも水の比熱容量が大きいので、つまりためておく熱量が大きいので有効だったのですね。

水は比熱容量ばかりでなく、氷から水になるときの融解熱（一グラム当たり三三四ジュール）も大きいし、また水から気体の水蒸気になるときの蒸発熱（一〇〇℃で一グラム当たり二二五七ジュール）も非常に大きな値です。火事のときに水をかけるのは、最終的に水蒸気になるまでに奪う熱量が大きいので理にかなっています。

夏の暑い日、海岸の砂浜を歩くとやけどをしそうなくらい熱いですが、水に入ると冷たいですね。太陽から同じように照らされているのにこのように違うのは、水の比熱容量が大きくて温度上昇が遅いことによります。反対に夜になると、砂浜の温度は急に下がるのに海水の方は温かいですね。もちろんこれは水の比熱容量が大きいからです。

大気と水をもたず、宇宙の真空中にさらされている月の表面は太陽に照らされているときは一二〇℃なのに、夜になるとマイナス一七〇℃にまで下がります。宇宙ステーションでも、太陽の光が当たっている面とそれが陰になったときで温度がたいへん違います。スペースシャトルの乗組員は宇宙空間で作業するとき分厚い防護服を着ていますが、このような大きな温度変化から人体を保護するためです。

わたしたちの地球には大気があり、水があります。大気は防寒コートであり、また日よけの役割も果たし、水は湯たんぽの役割を果たしていると考えられます。また海が昼間太陽に照らされているとき、水の熱容量が大きいので温度上昇が小さいことに加え、水面からの蒸発熱も温度の上昇を抑えるのに非常に大きな役割を果たしています。激しく蒸発した水が夕立となって降ってくることも体験します。このようなことがあるので、夜と昼、夏と冬の温度差が大きくならないのです。だから地球上には生命が誕生し、わたしたち生命体が生存できるのであるといってよいでしょう。

いったい地球にはどれほどの水があるのでしょう。これまでの推計では、およそ十四億キロ立方メートル、つまり約百四十京（一・四×一〇の一八乗）トンくらいとされています。地球の温度は、太陽から受けるエネルギーと、暗黒の宇宙（宇宙の温度はマイナス二七〇℃です。つまり宇宙空間で、太陽や星の光をすべてしゃへいした状態の温度はマイナス二七〇℃となります）に向かって放射によって失われる熱量とがバランスして決まっていますが、寒暖の差が小さいのは大気と水の存在によります。それでこのように素晴らしい環境が実現しているのです。

ところで夏の海岸で、金属片と木片が落ちていたとします。同じように太陽に照らされていますから温度は同じはずです。でもその上に乗ると金属片のときはたいへん熱いのに、木片ではそれほど熱いとは感じません。これは熱容量の違いではなく、熱伝導率の違いによるのです。木片は熱伝導率が低いですから足の裏が木片にさわった瞬間は熱いですが、その後は木片の中身の温度が高くても表面まで熱が早く流れてきません。これに対して、金属は大変熱伝導率が高いですから金属の表面だけでなく中身の熱も伝わってくるのです。

それでは水の比熱容量がこれほどまでに大きい理由は何でしょう。ここで水だけでなく、氷と水蒸気の比熱容量もみてみましょう。図8・1は、一気圧（一〇一三二五パスカル＝一〇一三・二五ヘクトパスカル＝一〇一・三二五キロパスカル）の圧力下での定圧比熱容量と熱膨張をさせない、すなわち体積一定の下での定容比熱容量を示してあります。

融解の前後で、つまり〇℃前後の氷と水の比熱容量の値を比較すると、氷は水の約半分の値であることがわかります。そして温度低下とともに氷の比熱容量の値は小さくなっていって、ついにマイナ

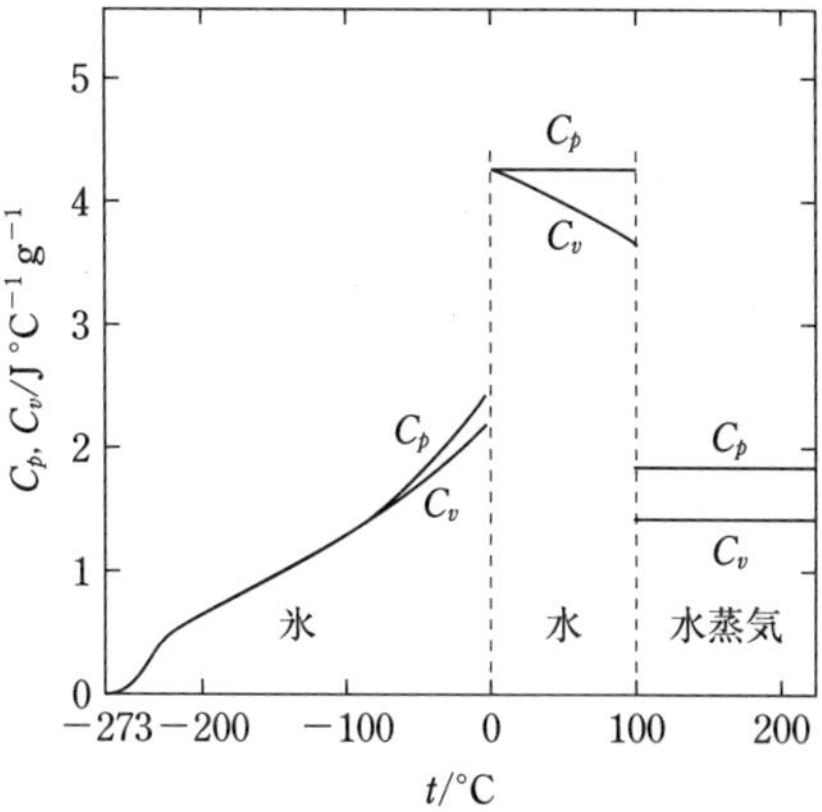

図 8・1　氷，水，水蒸気の比熱容量（注）
（単位は J °C^{-1} g^{-1}）（C_p および C_v は，それぞれ定圧比熱容量と定容比熱容量）

ス二七三・一五℃（絶対零度）でゼロとなります。実はこのような固体の比熱容量の温度依存性は、現在では理論的に説明することができます。それには量子力学を知らねばなりませんが、本書の範囲を超えますので、これからの楽しみとしてください。一方、水蒸気の比熱容量を見てみましょう。ずい分小さい値ですね。これは、水分子が自由に空間を飛び回っていると考えて、そのとき水分子がもつ運動エネルギーから理論的に説明できます。これには統計熱力学という学問が必要ですが、これも将来の勉強の楽しみとしてください。

（注）この図では見えにくいですが、精密に測定するとマイナス一七〇℃付近で氷の比熱容量に小さい異常が現れます。温度低下とともに氷の結晶中の水分子（水素結合）の向きの規則化が進行するのですが、この温度付近でついに完全にはそろわない状態で凍結するガラス転移によるものです。また水酸化カリウムをごく微量添加して水素結合の規則化を促進すると、マイナス二〇〇℃で転移が現れ、一次相転移として規則化することも確かめられました。これらの重要な発見は大阪大学当時の関　集三、菅　宏両先生らの研究によるものです。

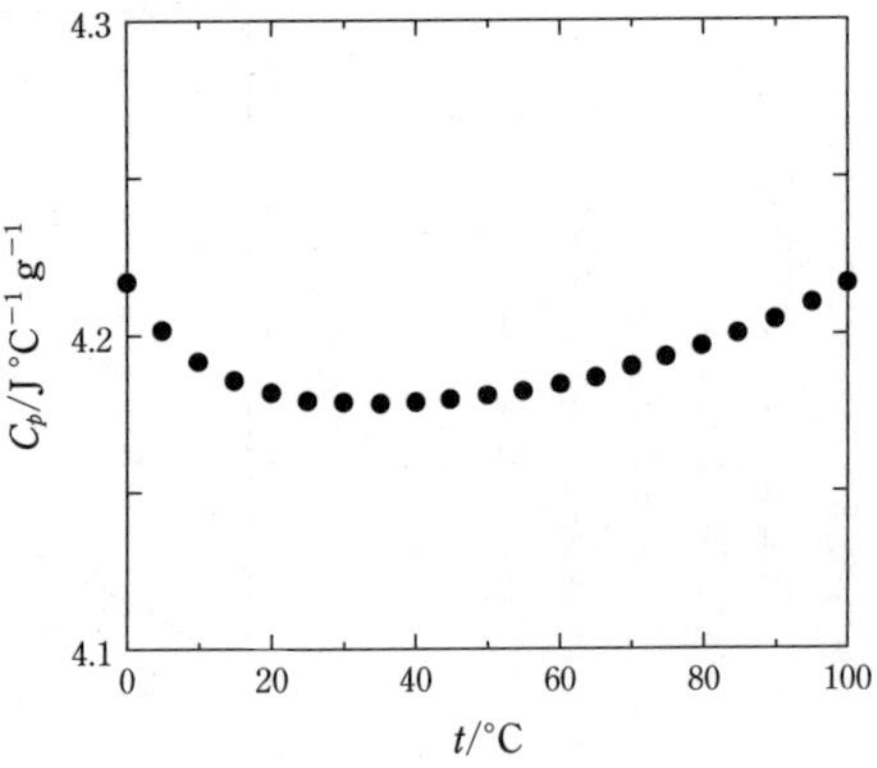

図 8・2　水の定圧比熱容量（単位は J °C^{-1} g^{-1}）

問題の水の比熱容量をみてみましょう。明らかに非常に大きいですね。これは異常というべきことで、現在も興味深い研究課題ですが、簡単にいうと水分子の間にはたらく水素結合という相互作用によります。つまり氷が融けて水になったばかりのところでは非常に数多くの水素結合があるのですが、温度上昇とともに水の分子運動が活発になっていき、どんどん水素結合が切断されていきます。この水素結合の切断のエネルギーが比熱容量に大きく寄与しているのです。沸点近くになると、水素結合の数はうんと少なくなります。そして蒸発して水分子が自由に空間を飛び回るようになるわけです。

ここで一定体積の下での定容比熱容量を見てください。温度上昇とともに比熱容量の値がどんどん小さくなっていますね。これは切断される水素結合の数がどんどん少なくなることによります。一方定圧比熱容量の値はほとんど温度変化を示しませんが、これは定容比熱容量の値に水の熱膨張の寄与が加算されるからです。ここで定容比熱容量というのは〇℃から一〇〇℃まで体積を一定に保ったものではありません。温度上昇とともに熱膨張は許すのです。そしてある温度での定圧比熱容量と定容比熱容量を比較するとき、そのときの体積の状態で、定圧比熱容量は膨張を許し、定容比熱容量では体積膨張を許さないのです。だから定容比熱容量の場合、温度上昇とともに熱容量値が減少するのは水素結合が少なくなっていくからだし、定圧比熱容量の場合は水の熱膨張の寄与がどんどん増していくので、これを加えると見かけ上、熱容量値が温度変化しないようにみえるわけです。

図8・1では定圧比熱容量の値はほとんど温度変化を示さないように見えますが、実は拡大すると図8・2のように温度に依存して変化します。このような異常なふるまいは、水分子間にある水素結合によるものであることは確かですが、その詳細なメカニズムはまだわかっていません。今も非常に興味深い研究対象となっています。

Q9
金属はなぜ熱をよく伝えるのか？

〈A〉

物質中の粒子（原子や分子）の「でたらめな運動」の形で蓄えられていたエネルギー（熱エネルギー、Q1参照）が高温側から低温側へと移動することを熱の移動といいます。つまり、熱はエネルギーの一つの形です。熱の移動の機構には伝導、対流、放射（輻射）という三種類があります。

伝導は物質の移動なしに熱が伝わることで、熱いスープにスプーンを漬けておくと持ち手まで熱くなるような場面でおなじみです。

対流は液体や気体の場合に、物質自体が目に見えるように移動して熱を運ぶ現象です。お風呂が上面だけ熱くなったり、みそ汁の中に面白い模様が見えたりする原因です。地球の内部（マントル）の対流がプレートを移動させ巨大地震の準備をすることも、最近ではテレビなどでよく聞かれることです。

放射（輻射）は他の二種類とは違い物質が介在することなく光（熱放射）として熱が移動する現象です。たき火やハロゲンヒーターに手をかざすと暖かいのはこのためです。また、太陽からの光で地球が適度に暖かいのもこのためです（温室効果はここでは考えないことにします）。

熱エネルギーは物質を形作っている微小な粒子の「でたらめな」運動として蓄えられています。このため、熱が移動するには「でたらめな」運動を伝える「何か」が必要です。伝導による熱の移動では物質を構成する原子・分子が、この何かに相当します。固体（結晶）を考えると、原子・分子は決まった場所にありますから、そのまわりで動く（振動する）ことしかできません。ところが金属結晶には、それ自身が移動することはない金属イオンのほかに、電気を帯びそれ自身が長い距離を移動できる自由電子が存在します。したがって、金属は電子が熱を運ぶ分だけ熱を伝えやすいということができます。

解説　金属の熱伝導

金属の熱伝導において自由電子による熱の移動が大事であることは、熱伝導のよい金属は電気も伝えやすいことからわかります。実は、電気の伝わりやすさ（電気伝導率）と温度の積と、熱の伝わりやすさ（熱伝導率）の間には比例関係があります（ウィーデマン・フランツの法則）。この法則は実験的に発見されました。このことは、金属の場合、自由電子による熱伝導が金属イオンの熱振動による熱伝導よりかなり大きいことを示しています。

熱伝導は温度勾配（単位長さ当たりの温度差）と断面積に比例するので、熱電導率はジュール毎秒毎ケルビン毎メートルのような単位を用いて表されます。単体金属で最も電気伝導性の良い銀の熱伝導率はこの単位で四二七（室温において）、ついで電気伝導の良い銅で四〇二です。これに対して水（液体）やガラスの熱伝導率は先ほどの単位で表して一程度ですから、自由電子による熱伝導が非常に大きいことがわかります。

つぎに金属と金属を比べてみましょう。一般に純粋な金属は合金に比べて電気伝導率も熱伝導率も大きくなります。銅（やアルミニウム）のなべが合金であるステンレスのなべに比べてずっと熱伝導が良いことはなべを火にかけてみるとすぐにわかります。ステンレスの電気伝導率は銅の五十分の一程度なので熱伝導率も数十倍違うのです。ちなみに気体の熱伝導率は軽い気体ほど大きいのですが、最も軽い水素でも先ほどの単位で表して〇・一（常温常圧において）、空気では〇・〇二とさらに小さくなります。

それでは電気抵抗がゼロになる（電気伝導率が無限大）になる超伝導体は熱に対しても良導体でしょうか。答えは否です。電子は電気を帯びていますからでたらめな運動をしなくても電流を運ぶことができるのです。これに対して熱は「でたらめな運動」であることが必須です。実は超伝導状態において電子は「でたらめさ」が非常に小さい状態にあります（巨視的量子状態といいます）。このため、金属が超伝導状態になると突然、熱伝導率が小さくなるのです。この現象は極低温で物質の性質を研究する現場において、（熱伝導の）超伝導スイッチとして利用されているほどです。

参考１　ダイヤモンドと黒鉛の熱伝導

金属が熱をよく伝えることは理解できたと思います。それでは熱の良導体はどれも金属でしょうか。答えはこれも否です。純物質で最もよく熱を伝えるのは実はダイヤモンドや黒鉛（ただし特定の方向のみ）なのです（先の単位で千から二千程度）。

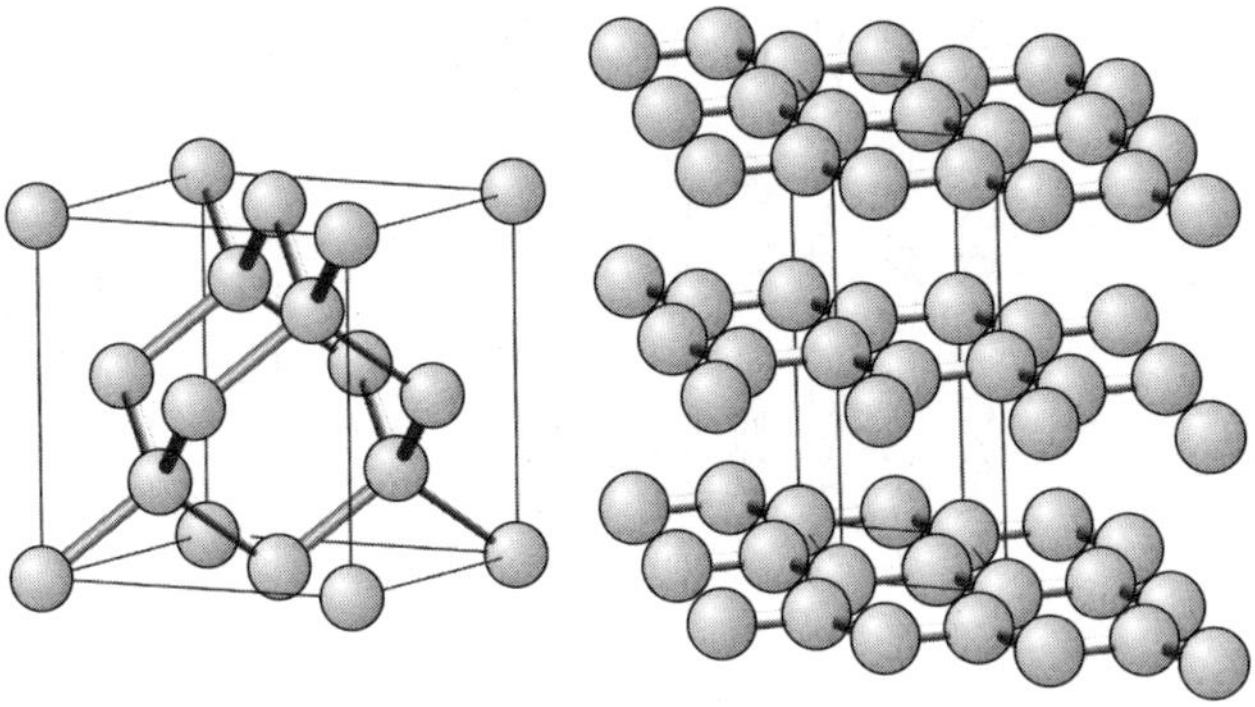

図 9・1　ダイヤモンド（左）と黒鉛（右）の結晶構造

ダイヤモンドが最も硬い物質であることは有名です。炭素原子間の化学結合がたいへん強いためです（図9・1左参照）。この強い化学結合のためダイヤモンドを構成する炭素原子はでたらめに運動することが難しく、このことが逆に熱を伝えやすくしているのです。

ダイヤモンド中の炭素原子間の化学結合はどれも同じですが、黒鉛は層状構造をもっていて（図9・1右参照）、実は層内方向には黒鉛はダイヤモンドよりも「堅い」のです。しかも、黒鉛は電気も流します。このため黒鉛は層の面内方向には、ダイヤモンド以上に熱をよく伝えることができます。電気を流さずに熱をよく伝えるダイヤモンドは、絶縁と放熱という金属では両立できない性質をもつため、高度に集積化が進んだ電子部品（LSI）の基板としての応用が検討されています。

参考2　断　熱

最後に熱を伝えない方法について考えてみましょう。熱の伝達を断つので「断熱」です。身のまわりにある代表的

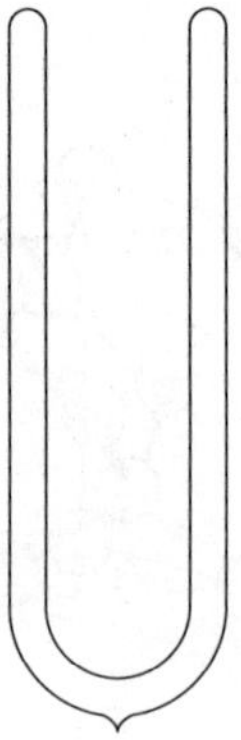

図 9・2　魔法瓶の構造

な断熱材は発泡スチロールです。スチロール樹脂に小さな気泡をたくさん含ませて成形してあります。気体は液体、固体に比べて熱伝導度が小さいので、気泡の存在そのものが熱伝導を小さくする効果をもっています。さらに、気泡はそれぞれが独立していますから内部の空気は対流することができません。これも断熱に役立っています。寒い冬にセーターを着込むのも同じ理由です。暖かい空気を身のまわりに固定して体からの熱の放出を抑えているのです。

　最近、電気ポットの普及で家庭では見かけることの少なくなった魔法瓶（科学用語としてはデュワー瓶といいます）の断熱はもっと徹底的です。魔法瓶は二重構造になっていてその内部は真空です（図9・2）。伝導も対流も物質がなければ起きようがありませんから、ガラス製の壁による伝導を除けば伝導と対流に対する対策は万全といえます。残る放射（輻射）には相手が光ですから鏡のようにめっきして対応しています。このためガラス製の魔法瓶の内側はきらきら光っています。実際、めっきをしない魔法瓶に氷水を入れておくと外側に結露し、放射による熱の伝達を実感させられます。

第三章　エネルギーの保存と変換

──エネルギーは移ろいやすいが不滅である

Q10

エネルギーが「保存」されるとはどういうことか？

〈A〉

少し水を入れたやかんを火にかけると中の水はやがて沸騰して、しばらくするとすっかりなくなってしまいます。これは液体の水が気体になるためであり、物質としての水がなくならないことはだれでも知っています。すなわち、物質としての水は「保存」されているのです。それと同じように、エネルギーは形を変えるだけであり、なくなることはありません。このことを「エネルギー保存の法則」または「エネルギー保存則」といいます。この法則は自然界でもっとも基本的な大法則であり、例外はありません。

解説　エネルギーとは

力学的な仕事をする能力のことを「エネルギー」といいます。ここでいう力学的な仕事とは、物体に力をかけてその物体を移動させるとき、その力と移動距離を掛けたものです。かける力が大きいほど、また移動距離が長いほど与えられた仕事は大きいのです。

エネルギーそのものを目で見たり、その他の感覚器官で直接感じ取ることはできません。それにもかかわらず、エネルギーというものが存在し保存するなどということが、なぜいえるのでしょうか。例をあげて考えてみましょう。たとえば空気そのものは見えないので、目でみるだけではその存在そのものを直接確かめることはできません。しかし、木の葉を揺する風などとして、間接的には、目でもその存在を知ることができます。また、より直接的には温度や圧力の皮膚感覚によってもとらえることができます。

別の例として電波について考えてみましょう。電波は人間の五感では直接感じ取ることはできないのですが、たとえばラジオ受信機のように、アンテナに誘起される電流を音声に変換して、その存在を確かめることができます。

では、どうすれば自然界にエネルギーというものが存在することと、それが保存するということを確かめることができるのでしょうか。実はエネルギーが保存することを確かめることは、エネルギーが存在することを確かめることでもあるのです。

いま、レールの上に、固定されて縮められた比較的弱いつる巻きばねがあり、その先端に接触してビー玉が置かれているとします。このばねを自由にしてやると、ばねの先端はビー玉を押して動き出します。この接触中に、ばねはビー玉に対して仕事をしています。ばねを離れたビー玉は一定速度で進み、少し離れたところにあるついたてにぶつかって跳ね返り、今度は逆向きに進んだ後、ばねにぶつかってこれを押し、はじめの状態に戻るものとします。このときは逆に、ビー玉がばねに仕事をしています。

この例では、縮んでいるばねと動いているビー玉は、それぞれ仕事をする能力をもっており、ビー玉とばねの接触中にそれらの能力が交換されると考えるのが自然です。この交換される能力のことをエネルギー、縮んだばねの持つ能力を「位置エネルギー」、動いているビー玉のそれを「運動エネルギー」とよび、それらのエネルギーをあわせて「力学的エネルギー」とよんでいます。そして、これら二つのエネルギーの和は常に一定になっています。すなわち、位置エネルギーが増えた（減った）分だけ、運動エネルギーが減る（増える）のです。ただし現実にはこの運動はやがて止まってしまい、運動エネルギーも位置エネルギーもゼロになってしまいます。それにもかかわらず、なぜエネルギーが保存するなどと言うことができるのでしょうか。

実は、この実験で直接検証することはむずかしいのですが、ばねとビー玉の系が止まってしまったとき、この系とまわりの空気の温度がごくわずか上昇しています。言い換えれば、力学的エネルギーがゼロになったとき、まわりには熱的な変化が起こっているのです。

古代人は摩擦熱を利用して火をおこしたとのことですが、運動から熱が生まれることは、はるか昔から知られていました。熱発生を意識した実験を行うことによって、力学的エネルギーがなくなるとき発生する熱の大きさは失われた力学的エネルギーの大きさに比例していることがわかります。また工夫して逆の過程の実験を行うとき、発生した熱と等量の熱の消失によって、今度は、はじめと等量の力学的エネルギーが発生します。このことから自然界では熱現象を含めて、「エネルギーは保存する」といえるのです。

参考

一般に自然科学の法則は、たいへん単純な形で表現されています。法則を見ただけでは、その法則が生まれてくる過程でどんな生みの苦しみがあったかということは全くわかりません。通常学校で使われている教科書では、法則の生まれてきた過程については、エピソード程度にしか触れていません。また、物理などの授業では、出来上がった法則を用いて問題を解くことがその中心になりがちですから、学校の学習では、法則に含まれている深い内容を理解しないままに終わってしまいがちです。しかし、とりわけ直接目に見えない熱に関する科学では、実験を含めた歴史的な過程を追体験しないと、本質的なことが理解できないで終わってしまうのではないかと思います。

歴史的にみると、エネルギー保存則の確立は、「熱とは何か」という熱の本性についての正しい認識への到達と一体のものでした。十九世紀の前半になってもまだ多くの学者は、熱とは熱素とよぶ一種の流体だと考えて、熱に関係のある現象を調べていたのです。それに異を唱えたマイヤー（ドイツ、一八一四―七八）やジュール（イギリス、一八一八―八九）は、仕事が熱に転化すると考えて、その転化の際の量的関係を理論的・実験的に研究してその成果を学会で報告しましたが、当時の学会では、彼らの考えはなかなか受け入れてもらえませんでした。その後、ヘルムホルツ（ドイツ、一八二一―九四）が彼らの考えを理論的に考察して一八四七年にエネルギー保存則を体系化しました。

気体を断熱的に圧縮するときの温度上昇は、エネルギー保存則を用いて定量的に表すことができます。次ページのコラムはその説明です。

気体の断熱圧縮

熱とは，二つの系の間のエネルギーのやり取りの特殊な形態であることがわかると，実際に起こる熱的過程の理解が飛躍的に深まります．つぎに気体について，エネルギー保存則の量的な表現を調べてみましょう．

気体は自由に体積を変えるので，一定の容積の器に閉じ込めておくためには圧力をかけることが必要となります．小さな容積に閉じ込めるためには，より大きな圧力を加えなければなりません．以下では，気体がピストンつきのシリンダーに入っている状態を想像します．

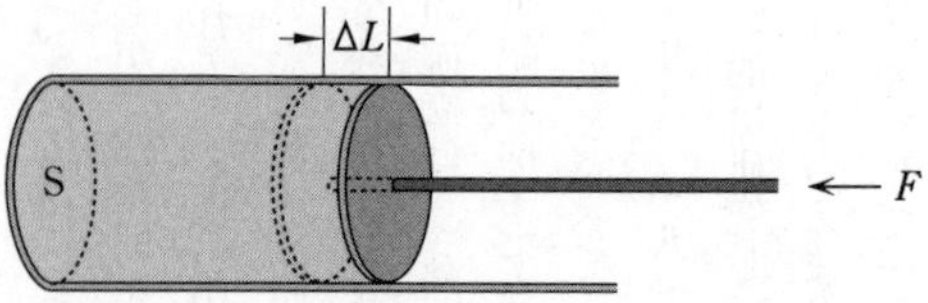

図のようにピストンに力Fをかけて，少しの距離ΔLだけ押して気体の占める体積を減らすとき，この外力が気体にするわずかな仕事ΔWは$F\Delta L$で表されます．ピストンの断面積をSとすると，ピストンにはたらく気体の圧力は$P=F/S$で定義され，またピストンがΔL移動したときのシリンダーの容積変化ΔVは$S\Delta L$と表されるので,

$$\Delta W = F\Delta L = PS\Delta L = -P\Delta V \qquad (1)$$

となります．マイナス記号がつけてあるのは，気体の体積が減少するとき，この気体に正の仕事が与えられたことを表すためです．

仕事が加えられることによって気体分子の運動はより活発になり，その運動エネルギーの合計が増えます．人間の目には個々の気体分子の運動の様子は見えません．しかしわたしたち人間は，気体分子の運動エネルギーの平均値が増えたことを「温度が上がった」

という皮膚などの感覚としてとらえ，温度計を使って数値化しているのです．

さて気体は熱を加えてもその温度が上昇しますが，この場合も飛び回っている分子の平均の運動エネルギーが増えるので，このことを気体のもっている内部エネルギーが増加したといいます．

これまでにみてきたように気体は，圧縮することによるだけでなく熱を ΔQ 加えることによってもその内部エネルギーが増えるので，気体の内部エネルギーの変化 ΔU はつぎのように書くことができます．

$$\Delta U = \Delta Q + \Delta W = \Delta Q - P\Delta V \qquad (2)$$

気体の体積に変化がないときは，$\Delta V=0$ なので，$\Delta U=\Delta Q$ となります．すなわちこのとき，気体の内部エネルギーに変化をもたらすのは熱だけです．この場合，その流入熱量に比例して気体の内部エネルギーと温度が上がるので，温度上昇度を ΔT，比例定数を C_v(添字の v は体積一定という意味）とすると，

$$\Delta U = \Delta Q = C_v\Delta T \qquad (3)$$

と書くことができます．そこで，(2)式を用いて (3)式をつぎのように書いてみます．

$$C_v\Delta T = \Delta Q - P\Delta V \qquad (4)$$

(4)式を用いると，熱の出入りによって気体の体積と温度が変わるときの様子がわかります．気体に熱の出入りがないとき（このような状態変化を断熱過程といいます）は $\Delta Q=0$ なので，この場合(4)式により，

$$\Delta T = -\frac{P\Delta V}{C_v} \qquad (5)$$

となります．したがって，気体を断熱的（$\Delta Q=0$）に圧縮する（$\Delta V<0$）場合にはその温度が上昇し，逆に気体が外力に逆らって断熱的に膨張するときその温度は下がることがわかります．

Q11
発電所では電気はどのようにしてつくられるか？

〈A〉

電気は最も便利なエネルギーの形態です。家庭や事業所に送られてくる交流電気は発電所でつくられています。エネルギーは保存されるのですから何もないところから電気は生まれません。発電所では他のエネルギーを電気に変換しています。ダムにためた水の位置エネルギーを利用する水力発電（解説1）は古くから用いられており、現在大部分の電力は火力発電や原子力発電のように物質のもつ化学エネルギーを利用した発電によってもたらされています（解説2）。

解説1　水力発電

太陽光は地表や海面に吸収されて熱となり、地表の水と空気を暖めます。水温の上昇により水蒸気圧が高くなって空気中の水蒸気の割合が増え、水蒸気を含む暖められた空気は軽いため上昇します。上空の冷たい空気に触れて飽和水蒸気圧が下がり、水蒸気が凝縮して雨になります。このとき、高地に降った雨は川を流れてきますが、ダムでせき止めると位置エネルギー（＝質量×重力加速度×高さ）をためておくことができます。つまり、太陽光による熱エネルギーの一部が地球循環システムによっ

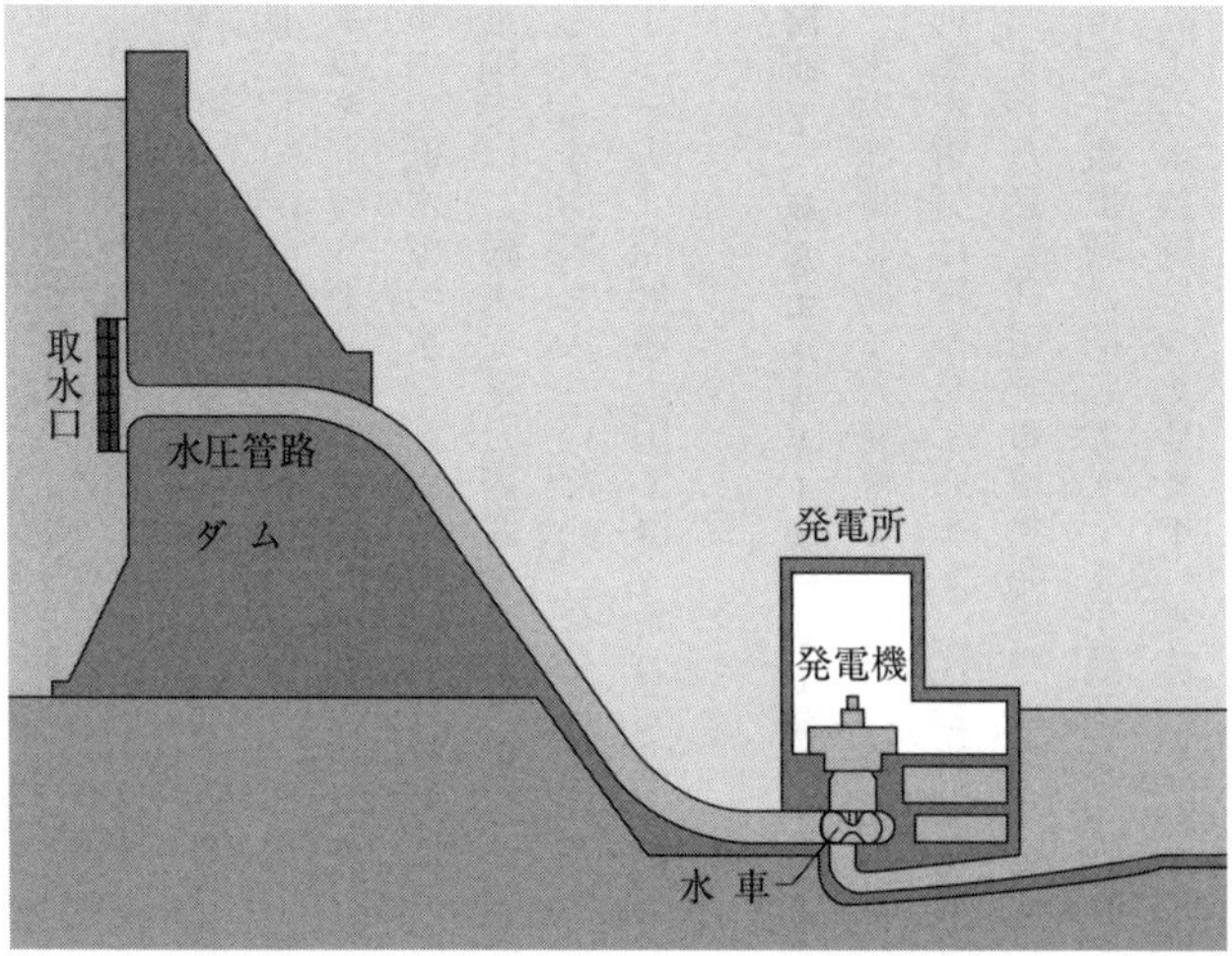

図 11・1　水力発電のしくみ（ダム式発電所の例）
［中部電力ホームページによる］

て水の位置エネルギーに変換されているわけです。

水力発電はこの水の位置エネルギーを利用しています。ダムを造るのは水頭（水面の高さ）をそろえ、発電所に送る水量を一定に調節するためです。ダムに蓄えられた水は送水管を通って低位置に造られた発電所に送られます。発電所では、この水を勢いよく水車にぶつけて、水車の回転の運動エネルギーを発電機に伝えて発電しています（図11・1）。発電機は磁界の中で電線を巻いたコイルを回転させるか、コイルの両端で磁界を変化させるとコイルに起電力を生じる現象を利用しています。

ダムの水が蓄えたエネルギーから一秒当たりに取出せる出力(キロワット)は［一秒当たりの発電所への水量(立方メートル毎秒)］×「ダム水面と発電所の水車との落差(メート

ル)」×[重力加速度(九・八メートル毎秒毎秒)」で計算できます。したがって、落差が大きく水量が多いほど発電量が大きくなります。

日本の水力発電所で落差が大きいのは北陸電力小口川第三発電所(富山県常願寺川水系)で六二一メートルもあり、水量が多いのは東北電力揚川発電所(新潟県阿賀野川水系)で最大使用水量は四六〇立方メートル毎秒もあります。水力発電の発電効率は非常に高く最新の発電所では水の位置エネルギーの八十五パーセントを電気に変換しています。この高い効率を利用して最近は夜間の余った電力で低水位の水をダムに揚げ、電気の需要の多い昼間に発電する揚水型発電所が増えています。先進国では、膨大な電力需要を水力発電だけではまかない切れないのが現状です。また、ダムが環境にもたらす影響も大きいため、全発電量に占める水力発電の割合は低下しており二割以下となっています。一方、発展途上国では、水力発電は現在でも主要な発電方法となっています。

解説2　熱をエネルギー源にして発電する方法

火力発電や原子力発電では燃料の燃焼などの化学反応やウランなどの原子核反応で生じる大きな反応熱を電気に変換しています。代表的な発電所の仕組みをみていきましょう。火山地帯などの地下にたまった熱を利用する地熱発電や太陽光を吸収して生じる熱を利用する太陽熱発電も熱源が異なるだけで発電原理は同じです。まず熱源からの熱を熱交換器(ボイラー)に吸収させ水を沸騰させて高温高圧の水蒸気をつくります。水蒸気をボイラーからパイプで取出し、タービンとよばれる羽根車に勢いよく吹き付けてタービンを回転させ、発電機を回します。発電後の蒸気は凝縮器(コンデンサー)

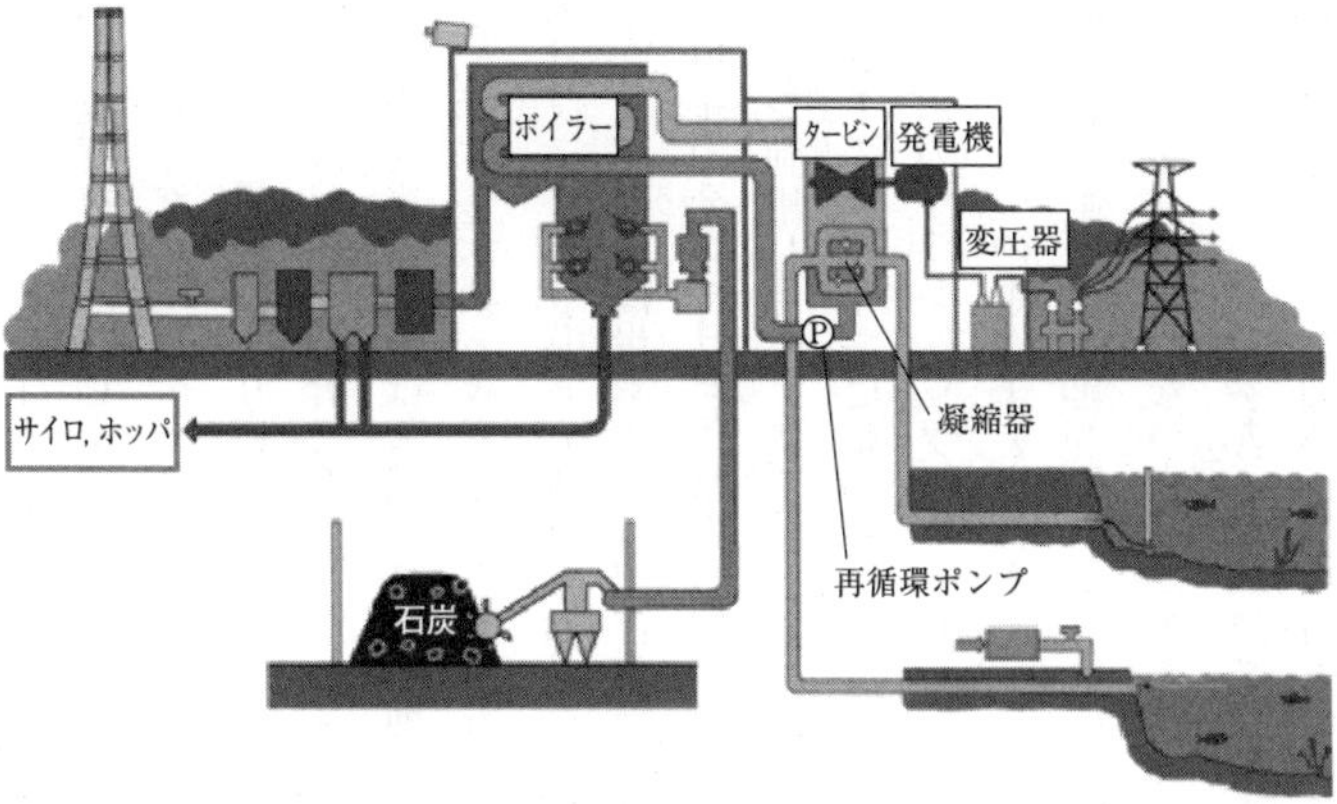

図 11・2　石炭火力発電所の概略図［中部電力ホームページの図を改変］

に導かれ、冷却水により冷却して水に戻してからポンプでボイラーに再循環しています（図11・2）。

実はどのような理想的な装置を使っても熱をすべて仕事（力学的エネルギー）や電気エネルギーに変えることはできません。熱を仕事に変換できるのは高温の熱源からもらった熱により物質の温度が上昇し、気体の体積と圧力が増えるためです。しかし仕事をした後の気体が冷やされて元の体積、圧力と加熱前の温度に戻るときは冷却部（低温の熱源）に熱を出しています。エネルギーは保存されるのですから、熱をすべて仕事に変えることができないことがわかります。

仮想的な熱機関を用いた緻密な考察の結果、カルノーは、限界の変換効率＝（熱源の絶対温度－冷却部の絶対温度）／熱源の絶対温度　で求められることを明らかにしました。したがって、熱源による発電効率は水蒸気の温度を高くするほど高くなります。火力発電には六〇〇℃程度に加熱された水蒸気が用いられていますが、それでも冷却水の温度が二十五℃では理論効率でも六十六パーセント、実際の効率は三十五パーセント程度しかありません。原子力発電では炉心の温度を四〇〇℃までしか上げられないため理論効率は五十六パーセントです。最近の火力発電では、天然ガスや石炭・石油をガス化した燃料を高圧の空気と混合して燃焼させることでガスタービンを回し、燃焼により得られた熱でさらに蒸気タービンを回す複合発電システム（コンバインドサイクル）が普及し、合計で五十パーセントの効率が得られるようになりました。

火力発電の熱源は天然ガス、石油、石炭などの化石燃料の燃焼反応に伴う燃焼熱（化学反応熱の一つ）です。水素と炭素では水素の方が一グラム当たりの燃焼熱が大きいことや、炭素を燃やしたとき発生する二酸化炭素が地球温暖化の原因となるといわれているため、石炭や石油はしだいに使われなくなり、今後は炭素の含有割合が少ない天然ガスが主流になると予想されています。

原子力発電では炭化水素の酸化のような化学反応熱ではなく、原子核が分裂する際に発生する核反応熱を利用します。質量数（原子核に含まれる陽子の数と中性子の数）が二三五のウラン（ウラン235）をパイプに詰めた燃料棒を原子炉中に並べ、中性子をぶつけると中性子を吸収して質量数二三六のウラン（ウラン236）ができます。ウラン236は自然に核分裂して核分裂生成物と多量の熱と二つの中性子を出します。発生した中性子がつぎつぎにウラン235をウラン236に変え、核分裂が連鎖的に起きるのでいったん核分裂が起きると大きな熱が出続けることになります。原子炉の核分裂が暴走しないようにするため、中性子を吸収するカドミウムなどを詰めた制御棒を燃料棒の間に配置し、核分裂熱を取去って温度を下げるため水中に浸します（一次冷却水）。この高温の一次冷却水でさらに水を加熱し高温高圧の水蒸気にしてタービンを回しています。

原子力発電もウラン鉱石の資源を使いますから資源問題と無縁ではありません。ウラン鉱石に含まれる天然ウラン中、核分裂を起こし核燃料となるウラン２３５はわずか〇・七二パーセントしか含まれていません。このため、燃やした後の燃料棒を再処理して生成物から核分裂を起こすプルトニウムを取出して酸化物にして燃料に混ぜ、ウランとともに核分裂させる原子炉利用（プルサーマル方式）が計画されていますが、運転の安全性についての批判もだされています。

原子力発電では使用済み核燃料などの高レベル廃棄物や低レベル放射性廃棄物の処理、放射能が安全なレベルになるまでの保管の問題やこれから増えると予想される老朽化した原子炉の解体などの問題があります。他方、化石燃料を使う火力発電とは異なり、化石燃料の枯渇の問題や二酸化炭素濃度の増加による温暖化の問題に対処する上ではメリットがあります。

Q12

太陽光発電・燃料電池・風力発電などの原理は？

〈A〉

最近、これまで主流だった火力発電、原子力発電および水力発電に代わり、太陽光発電（解説1）、燃料電池（解説2）、風力発電（解説3）などによる発電が急速に伸びており、新エネルギーとよばれています。新エネルギーのエネルギー源の多くは、太陽光のエネルギーや太陽光が地球に降り注ぐことによって生じる水や空気の運動エネルギーであるため、地球の資源を消費せず自然からエネルギーを得ることができます。このようなエネルギー源を更新性エネルギーとよび、従来の発電方法と比較して地球環境に優しいと考えられています。また、燃料電池は水素を燃料として使います。効率が良く排出物が水なので、環境にとってクリーンなエネルギー源として期待されています。

解説1　太陽光発電

光は電磁波の一種で、電波よりはるかに波長（一周期分の振動で光が進む距離）が短いものです。光は波長の異なる光子の集まったものと考えられ、一つの波長の光のエネルギーは（光子の数）×（一秒間の振動数）に比例します。振動数は波長に反比例しますから、波長の短い光ほどエネルギー

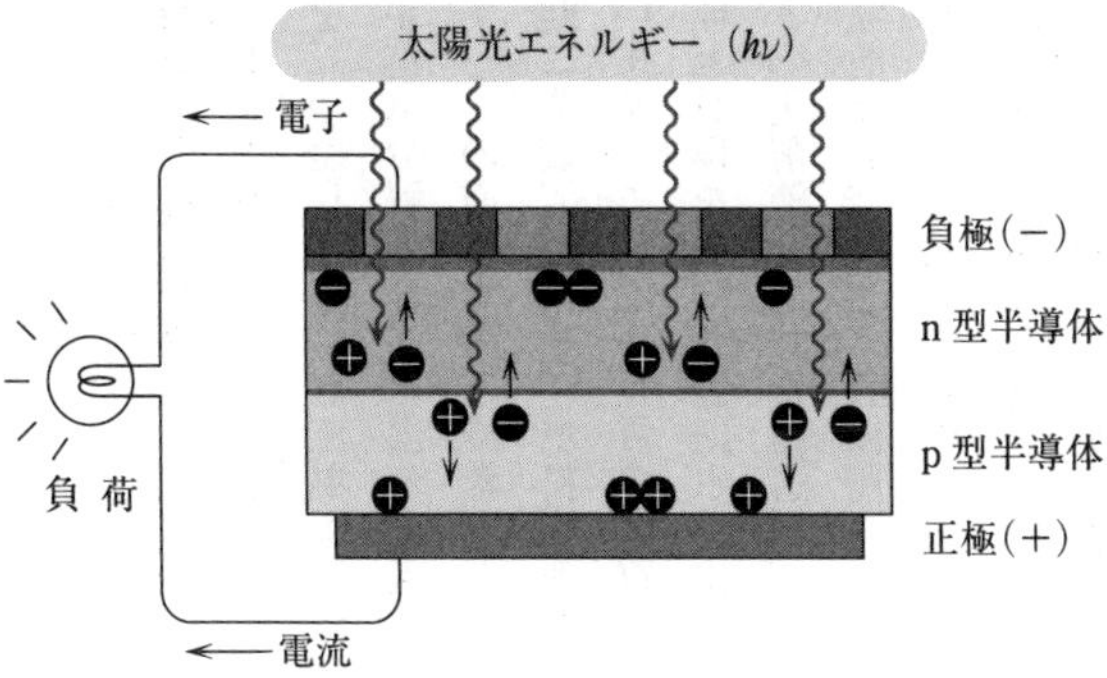

図 12・1　太陽電池の仕組み

が強く、物質の透過能力も高くなります。光を太陽電池（光を電気に変換する装置）に照射すると、直接起電力を生じます。現在実用化されている太陽電池はシリコン半導体によるもので、一つの発電部位（セル）はn型半導体（電子が過剰に存在する）とp型半導体（正孔が過剰に存在する）を接合した構造をしています。これに太陽光を照射するとn型半導体表面の過剰電子が励起されてエネルギー状態が高くなり、過剰電子の負電荷と正孔の正電荷が中和しようとする力（つまり光起電力）を生じます。過剰電子は、表の負極と裏の正極に接続した外部回路を流れて表面電荷を中和します。このままでは各結晶全体の原子核の電荷が偏りますから、結晶内で電子はp型半導体から接合面を通ってn型半導体に移動し、過剰電子と正孔を元に戻します。このようにして光を照射する間、回路に電流が流れます（図12・1）。

　太陽光発電の効率は単結晶シリコンで二十二パーセント、アモルファス（非晶質）シリコンでは十五パーセント程度で高くありません。そのため、太陽電池の用途は低消費電力機器への装着などに限られていました。最近では、離島、電源の取りにくい場所、建物の屋根などの小規模の電源として普及し、それに伴い太陽電池の価格はだんだん下がってきました。近い将来、発電コストが他の方法と同程度まで下がるものと期待されています。

解説 2　燃料電池

水酸化ナトリウムの水溶液に炭素電極を二つ差し込み、直流電源につなぐと水が電気分解されて水素と酸素が発生します。この逆に水素と酸素から直接電気を起こす装置があり、燃料電池とよばれています。これは多孔質の物質でできた正極と負極をもつ装置に水酸化カリウムなどの電解液を入れた構造で、正極側に酸素を含む空気を、負極側に水素を吹き込むと電極に起電力を生じます(図12・2)。このとき負極では水素が水酸化物イオンと反応して水と電子が生成し、電子は電極から回路へ流れて正極に達し、酸素と水と反応して水酸化物イオンを生成します。現在、大規模発電用に電解液に溶融

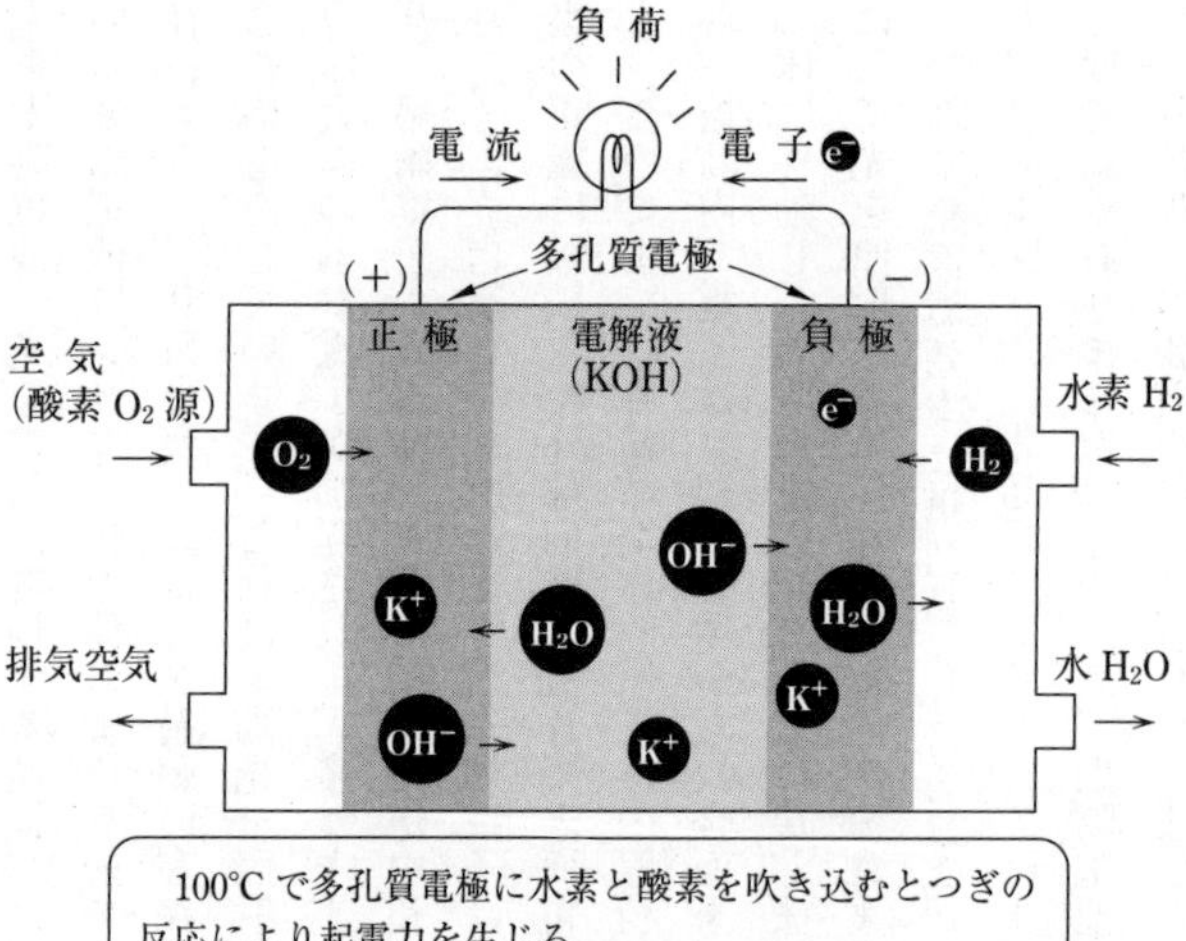

100℃で多孔質電極に水素と酸素を吹き込むとつぎの反応により起電力を生じる.

負極（−）：$H_2 + 2OH^- \longrightarrow 2H_2O + 2e^-$

正極（+）：$\frac{1}{2}O_2 + H_2O + 2e^- \longrightarrow 2OH^-$

図 12・2　アルカリ型燃料電池の構造

炭酸塩を使用するものや水素源としてメタンやメタノールなどの炭化水素やアルコール燃料を用いる小型システムも開発されています。燃料電池は熱機関を用いないのでカルノー効率（熱機関の限界効率）の制限を受けません。このため効率が良く、水素を用いるシステムでは八十パーセント以上もの高効率が得られています。また、発生した反応熱を熱源として利用することも可能で、騒音もなくシステムが小型化でき廃棄物が水だけなので環境にも優しい発電方法として期待されています。しかし、水素を大量につくり、安全に貯蔵・運搬するシステムの確立が課題となっています。

解説３　風力発電

太陽光による熱は空気の循環、つまり風をおこします。この風力による発電が最近急速に増えています。風がもつエネルギーは空気の運動エネルギー（＝空気の質量×風速の二乗／二）で、この運動エネルギーが大きなほど風圧が強くなります。風力発電は風圧と流れる空気の体積を風車で受けて発電機を回していますから、風速が速く風車の羽根の直径と面積が大きいほど、効率が著しく良くなり大きな電力を得ることができます。現在、風力発電の効率は二十五パーセントに達し、発電量ではドイツが多く、デンマークでは総発電量の二割近くを風力発電でまかなっています。

太陽光、水力や風力以外に自然のエネルギーをもとに発電する方法（更新性エネルギーを用いる方法）として地熱発電が実用化されています。また、波力発電（波や潮汐を利用する発電）、海洋温度差発電や太陽熱発電も研究が進んでいます。

Q13
手と手をこすりあわせるとどうして温かくなるのか？

〈A〉

手と手をこすりあわせ続けると、しだいに温かくなっていくことがわかります。これはこすり合わせる運動で摩擦熱が発生し皮膚を温めるからです（解説1）。宇宙船が地球の大気圏に突入するときも宇宙船と大気との間に空気抵抗による摩擦熱が生じ、宇宙船の表面温度が上がります（解説2）。そのほか、バレーボールなどで体育館の床に手を滑らせたとき、木と木をこすり合わせて火をおこすとき、急ブレーキをかけたときなどさまざまな日常の場面で摩擦熱が発生することを経験しているでしょう。水あめのような粘性の液体を勢いよくかき混ぜた場合の発熱も同じ原理によると考えることができます（解説3）。

物体に力学的な仕事をした場合や物体が運動エネルギーを失った場合を考えます。このとき物体が変形したり違う状態に変化せず、またエネルギーをためる仕組みももたないならば、物体に加えたエネルギーや物体が失ったエネルギーは別の形態のエネルギーに変換されて物体から出てきます。この物体から出てくるエネルギーの一つの形態が摩擦熱です。熱が外部に逃げにくいため物体にとどまる場合は、物体の温度を上昇させます。

解説1　仕事と摩擦熱

まず、簡単な実験で摩擦熱の性質を確かめてみましょう。

① 手のひらを唇につけて何もしないときの手のひらの温度を感じ取る。
② 手のひらを五十回こすりあわせしだいに温かくなっていくのを体感する。
③ こすりあわせた直後に手のひらを唇に付けて、こすりあわせる前より温かいことを確認する。
④ ①―③の実験を、手を強く押しつけてこすりあわせた場合と軽く滑らせただけの場合で比較する。
⑤ 手と手をこすりあわせるかわりに発砲スチロールや段ボール紙にアルミ箔や布をはったものでも同様の実験を行う（じかに唇に当てるとやけどをするので、温度は紙を介して手のひらで確認）。

この実験でこすりあわせる回数が多いほど、また、押しつける力が強いほど温かくなることが実感できたと思います。そしてこすりあわせ運動をした分だけ体のエネルギーを使ったため疲れたでしょう。でもしばらくすると手では血流が熱を運び周囲の空気にも冷やされてすぐ元の温度に戻ります。また、激しくこすり合わせても少しひりひりとはしますが手は何の変化もなく元の形態を保っています。発砲スチロールや段ボール紙では冷めにくいので相当熱くなったはずです。この実験からわかるように手に与えた仕事は熱になり、他に熱を奪う効果が少ないと物体は高温になります。

このように、物体を摩擦がある面上で滑らせると、物体に与えた仕事のエネルギーは摩擦熱に変わります。物体に与えた力学的仕事は、

仕事（ジュール）＝移動方向に及ぼす力（ニュートン）×移動距離（メートル）　（1）

で求められます。力をかけても物体が動いていなければ、エネルギーを消費せず仕事もしていませ

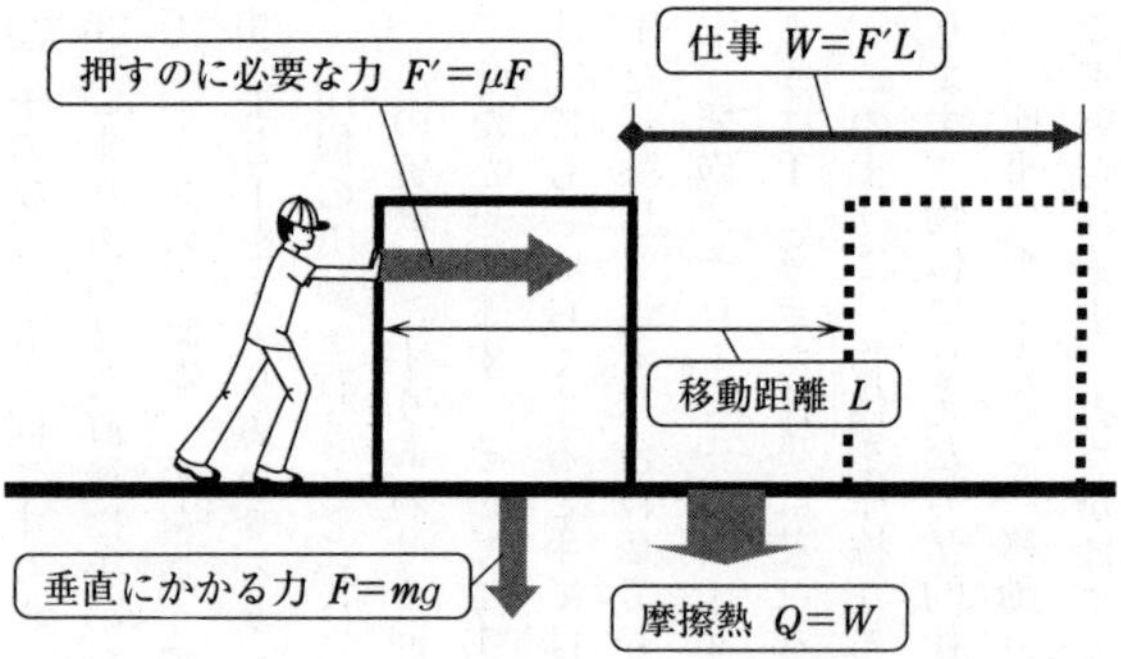

図 13・1　物体を摩擦のある面を滑らせると物体に成した仕事 W は摩擦熱 Q に変わる．図中の m は物体の質量，g は重力加速度，μ は動摩擦係数を表す

ん。また、物体を動かさない限り摩擦熱は発生しません。それでは、物体を強く押しつけたとき生じる摩擦熱が大きいのはなぜでしょう。それは（1）式の移動方向に及ぼす力が摩擦をもつ面を垂直に押しつける力（垂直抗力）に比例して大きくなるからです（図13・1）。この比例係数を摩擦係数といいます。

移動方向に及ぼす力(ニュートン)
＝摩擦係数×垂直抗力(ニュートン)　（2）

物体が動いているときの動摩擦係数は止まっている物体を動かし始めるときの静止摩擦係数よりはるかに小さくなります。ですから車のタイヤがいったんスリップを始めるとなかなか止まりません。摩擦のある面上で物体を滑らせたときに生じる摩擦熱の熱量は、物体にした仕事と同じです。つまり、物体の種類や面の摩擦係数の大きさが大きいか小さいかに関係なく同じ仕事をしたら同じ摩擦熱が生じます。コロの上を動かすときのように摩擦係数を小さくすると、大きな仕事を与えなくても動かせます。しかし、動かすのに力が必要になる素材、つまり滑りにくい（摩擦係数の大きな）素材の上で物体を動かすときは、大きな仕事をすることなるので大きな摩擦熱が出ます。ですから体育館のように滑りにくい床で滑ると短時間に大きな摩擦熱が出るためたいへん熱く感じるのです。

解説２　運動する物体が減速するときの空気抵抗による摩擦熱

宇宙船が地球の大気圏に突入するときも運動エネルギーが空気抵抗により熱に変わります。ある速度で飛行する質量をもつ物体の運動エネルギーは、

運動エネルギー（ジュール）＝質量（キログラム）×速度（メートル毎秒）の二乗／二　（３）

で与えられます。宇宙船が大気圏に突入して減速すると、突入したときの速度と減速後の速度を（３）式に代入して求めた二つのエネルギーの差だけ運動エネルギーを失い、その大部分が熱になります。車が止まるときも失った運動エネルギーはブレーキにより摩擦熱になります。

また、地球の重力圏に入った重い宇宙船は下降するに従って位置エネルギーを失います。空気抵抗のない空間を落下する物体は位置エネルギーと運動エネルギーの和は一定ですから、落下とともに加速します。空気抵抗のため物体が加速しないで落下する場合は位置エネルギーが他のエネルギー（熱）に変換されることになります。そのため宇宙船の場合、大気圏への突入で速度が落ちた後、一定速度で落ち続けても熱が出ます。

大気上層の気体は希薄ですが、空気抵抗は速度の二乗に比例して大きくなるので、宇宙船のように高速で突入する物体は大きな空気抵抗を受けます。しかし希薄な気体の熱伝導率は小さく、また、熱容量や質量も小さいため、宇宙船に衝突した空気が受け取る熱エネルギーや運動エネルギーは小さ

く、宇宙船の表面に熱がたまり高温になります。あまり高温になると宇宙船が破壊されてしまいますから、スペースシャトルの裏側には断熱タイルが張り巡らされています。

空気抵抗によって高温になった宇宙船表面からは熱放射でエネルギーが失われます。熱放射のエネルギーは温度の四乗に比例するので、表面はある程度高温になるとそれ以上温度が上昇しにくくなります。

空気抵抗による摩擦熱を減らすには宇宙船の断面積を小さく、形状を流線型にし、減速を抑えて空気抵抗を減らすとよいのですが、そのままの速度では地表に激突してしまいます。宇宙船は、断熱材が耐える温度までしか発熱が起きないようにゆっくり減速して地球に帰還しています。

解説3　原子・分子の衝突と摩擦熱

こんどは摩擦熱を原子・分子レベルで考えてみましょう。ある物体の表面でもう一つの物体を滑らせると、物体の表面に存在する原子や分子が勢いよくぶつかり合います。物体どうしを強く押しつけるほど、また、滑らせる距離を長くするほど、原子や分子の衝突回数は多くなります。原子・分子が衝突するのは物体どうしの摩擦のある面上に限りません。粘性の液体を激しくかき混ぜた場合も、動きにくい分子と強制的に動かした分子の衝突が起こります。それらの衝突により激しくなった原子や分子の運動は、隣接する原子・分子につぎつぎに伝わっていき温度の上昇をもたらします。ジュールによる熱の仕事当量に関する実験（Q1参照）で見られたかくはんによる水温の上昇は、力学的エネルギーが水分子の衝突を介して熱エネルギーに変換されたものと考えることができます。

第四章　状態変化とエネルギーの出入り

――固体・液体・気体間の変化とはなんだろう

Q14

保冷剤や冷却パックはなぜものを冷やすことができるのか？

〈A〉

保冷剤は、ショートケーキなどを持ち歩くうちに温まらないように、あるいは急に熱がでたとき頭部を冷やすためなどに日常的に使われます。ほとんどの市販の保冷剤は、燃やしても有害物質を発生しないフィルム状の袋の中に水のほかに種々の添加物が入れてあります。添加物としては、高粘性材料、高吸水性樹脂、防腐剤などが加えてあります。保冷剤は、あらかじめ使用する前に冷凍庫に保管し、凍らせておく必要があります。使用時、保冷剤の氷は周囲から熱を受け取り液体の水へと変化します（図14・1Ⓐ）。この状態の変化、すなわち氷から水への融解の際に吸収する熱を融解熱といいます。氷がすべて溶けて水になるまで温度は上がらず、〇℃に保たれます。水の融解熱は一グラム当たり約三三四ジュールと大きく、このため保冷剤の周囲では、温度上昇が抑えられ、冷たい状態が保たれます。

アイスクリームを買ったとき、しばらくは融けないように保冷剤としてドライアイス（二酸化炭素の固体）を使うことがあります。ドライアイスの場合は氷の場合とは異なり、ドライアイスの固体が液体になることなく直接気体になる変化（これを昇華といいます。図14・1Ⓑ）が吸熱変化であることを利用したものです。すなわち、ドライアイスは一気圧の下ではマイナス七八・五℃で二酸化炭素の気体となり、このとき一グラム当たり約五七三ジュールもの熱を吸収します。これは、氷が水になる場合の値に比べても大きいので、冷却効果が高いことがわかります。

簡単にものを冷やすには、氷を用いる保冷剤のほかに市販の冷却パックも用いられます。これは、ある種の結晶が水に溶けるときに温度が下がる現象（吸熱性の溶解）を利用したものです。たとえば、硝酸アンモニウムの結晶は水によく溶け、しかもかなり大きい吸熱の溶解熱を伴うため急激に温度が下がります（一グラムの硝酸アンモニウムが、水に溶けると、約三二〇ジュールの熱を吸収します）。市販の冷却パックでは、水の入った袋を破ると硝酸アンモニウムの結晶が溶けるので、温度が急激に下がります。冷却パックは、氷やドライアイスのようにあらかじめ冷凍庫に保管しておくなどの準備が不要なので、急にものを冷やす必要が生じた場合や屋外での使用などに便利です。

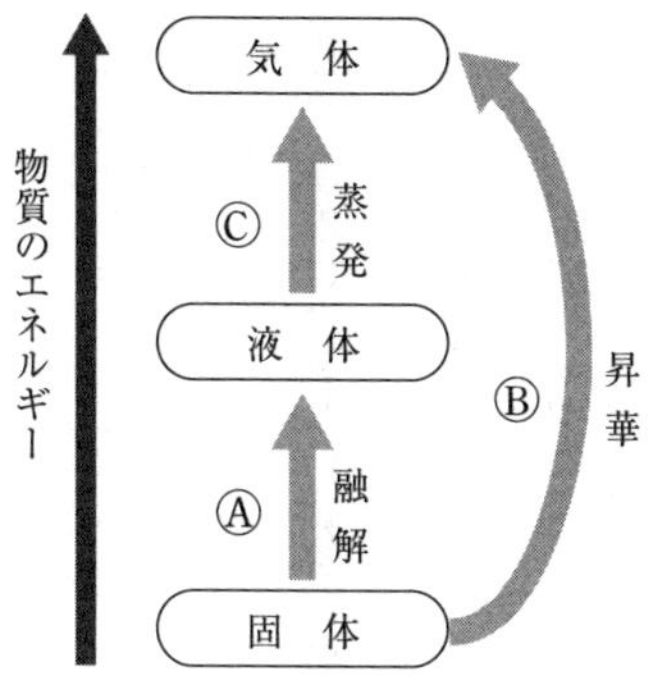

図 14・1　吸熱を伴う物質の状態変化

身のまわりで温度が下がる変化には、水やアルコールなどの液体の蒸発（図14・1Ⓒ）によるものも多くみられます。たとえば、消毒用アルコールを浸した脱脂綿を皮膚につけたときや冷水でしぼったおしぼりで手をふいたときなどに体感上は冷たく「ひやっ」と感じます。消毒用アルコールや水は、皮膚の表面から蒸発するときに、液体から気体へと変化します。このとき蒸発熱が皮膚の表面から奪われますので、ひやっと感じるのです。このように消毒用アルコールと水は蒸発の現象としては同じように説明されます。消毒用アルコールには、沸点が七八℃と低く、揮発性のエタノールなどが用いられています。

参考　環境にやさしい猛暑の過ごし方

クーラーがなかった時代の日本では、蒸し暑い夏の過ごし方として、道や庭先に水をまく習慣がありました。砂ぼこりを抑えるだけでなく、蒸発熱により気温が下がることを利用していました。
また、庭やビルの屋上に植物を植えると、植物体はそれ自身が比熱容量の大きい水（Q８参照）を多く含んでいますので、まわりの温度が高いときでもあまり温度上昇が起こらないばかりでなく、植物の葉が水蒸気を放出する（これを蒸散といいます）とき水の蒸発熱に相当する熱を奪うためまわりの温度を下げるはたらきがあります。夏に家の窓周辺に植物を植えておくと、条件にもよりますが室内の温度を二、三度低下させる効果があるという報告があります。

Q15

冷却剤はどのようにしてつくるのか？

〈A〉

ものを「冷やす」ということは、ものから熱を奪って温度を下げることなので、「冷やす」ためにはものより温度の低い物体（冷却剤）を用いればよいことはすぐわかります。冷却剤としてはQ14で述べた保冷剤や、工業的な規模では、蒸発を利用する液化天然ガス（ＬＮＧ）や液体窒素（解説１）があります。大きな病院では、断層撮影のため磁気共鳴映像法（ＭＲＩ）を使用しますが、この装置の一部を冷やすために用いられる液体ヘリウムも冷却剤です。(注)

冷却剤として利用できる温度は、氷が〇℃（融点）、ドライアイスがマイナス七八・五℃（昇華点）、液体窒素がマイナス一九五・八℃（沸点）、液体ヘリウムがマイナス二六八・九℃（沸点）です。

（注）ＭＲＩには強力な電磁石が必要なので、電磁コイルを超伝導線で作製する必要があります。超伝導状態を実現するためには、コイルを低温に保たなければならないのです。現在開発中の磁気浮上列車にも超伝導磁石が使用されているので、液体ヘリウムで冷やす必要があります。ちなみに超伝導とは、電気抵抗がゼロになる現象です。電気を流したときに電気抵抗による発熱がないので、超伝導状態では大きな電流を流すことができます。

このように、冷やしたいものより温度の低い冷却剤を用いてものから熱を奪い、「冷やす」ことができます。それでは、そもそも冷却剤はどのようにしてつくるのでしょうか。冷却剤をつくるためにそれより温度の低い別の冷却剤を用意するのでしょうか。液体窒素や液体ヘリウムの場合には、別の冷却剤で冷やすのではなく、もの自体が「冷える」方法で低温を実現しています。

外部と熱の出入りがない状態（断熱状態）で、物質から熱を一部取出し、外部への仕事に使用したら、ものの温度は下がります。エネルギー保存則が存在するからです（Q10参照）たとえば、容積を変えることができる容器（ピストン）に、ある圧力の気体が入っており、外部と熱のやりとりができないものとします。気体が膨張して容積が増えるとピストンは外に向って動き、外部に仕事をしたことになります。仕事に要した力学的エネルギーは、気体から熱を奪って調達するしかないので、気体の温度は下がります。まさに「冷える」のです。液体窒素や液体ヘリウムはこのような断熱膨張の原理に基づいた方法で製造されています。山頂が涼しい（Q26参照）のも、大気の断熱膨張による「冷える」効果です。

科学には、物質を非常に低い極低温（解説2）に冷やし、ものの性質を研究する分野があります。温度が高いと原子や分子の熱運動が激しくて実現しなかった超伝導のような珍しい性質が、低温にすることにより出現することがあります。また、原子や分子の弱い相互作用を明らかにできる利点もあるため、極低温での研究が盛んに行われています。現在到達している低温は、絶対温度で百万分の一ケルビン（K）です。ちなみに〇Kはマイナス二七三・一五℃です。

解説1　液体窒素

空気を低温にして液体にしたのが液体空気で、主成分は七八・一パーセントの窒素、二〇・九パーセントの酸素、〇・九パーセントのアルゴンの混合液体です。酸素やアルゴンは別の使用目的があるので分離し、窒素だけの液体にします。酸素の沸点は窒素より一二・八℃高く、アルゴンの沸点は九・九℃高いので、成分ごとに分けることは簡単です。

窒素はものと化学反応を起こしにくいので、液体空気より安全ですが、換気の悪い場所で液体窒素を使用すると、酸欠で窒息する恐れがあるので、十分注意する必要があります。また液体窒素を保存するときは、密閉容器を用いてはいけません。蒸発した気体の逃げ口を確保しておかなければ、高圧になって危険だからです。

解説2　極低温

極低温を実現する原理を、エントロピー（Q33参照）を使って説明します。エントロピーとは物質を構成している原子や分子の熱運動の激しさを表す物理量です。ものが固体の場合には、原子や分子の位置に関する乱れの度合、あるいは分子の向きに関する無秩序さの度合もエントロピーに含まれます。

Q21で取上げる常磁性体を例に、図15・1を用いて説明します。常磁性体では小さな磁石とみなせるスピンが乱雑に向きを変えています。このときの温度がT_1でエントロピーがS_Aとします。この温度で外部から磁場をかけると、スピンはある程度磁場の方向に向きを変えます。スピンの向きに関する秩序の度合が増したことになるので、エントロピーは小さくなり、S_AからS_Bへ移動します。このとき常磁性体は、スピンの整列の度合に応じた熱量を外部に発散しますが、温度が一定のもとで磁場をかけているので、常磁性体の温度は上がらずT_1のままです。ここで外部との熱の出入りができない断熱状態にして、外部からの磁場を静かに減らしてゆきゼロにします。この操作を断熱消磁といいます。

磁場がなくなると、スピンは乱雑な向きを跳びまわろうとします。乱雑な方向転換をするにはエネルギーが必要ですが、断熱状態で外部から熱をもらえないので、もの自体の温度を下げてその分の熱量をスピンの熱運動に与えます。その結果、温度はT_2に下がります。断熱状態なのでエントロピーの大きさは変わりませんが、図の中ではS_Cに移動したことになります。もう一度この操作を行うと、温度はT_3になります。このようにして、絶対零度に向ってゆくわけですが、この図からもわかるように、有限の回数の操作では絶対零度に限りなく近づくことはできても、到達はできないことが理解できます（Q６参照）。

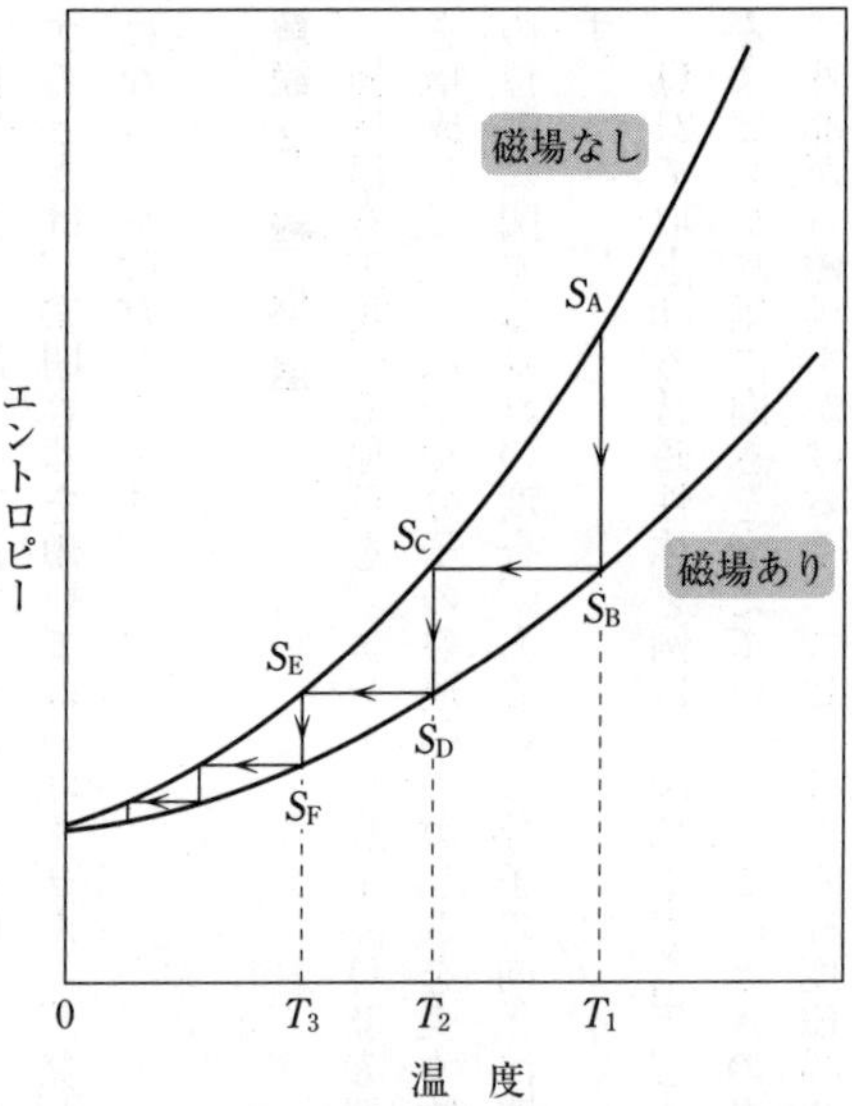

図 15・1　断熱消磁でものが冷える原理

Q16

エアコンでなぜ冷暖房ができるのか？

〈A〉

現在使われているエアコンと冷蔵庫は、すべて「ヒートポンプ」とよばれる原理ではたらく機械の仲間です。ちょっと古いタイプの冷蔵庫は後ろに放熱器があって、熱くなるのをご存じの方も多いでしょう。エアコンの放熱器（室外機）からは、夏には熱い空気、冬の暖房時には逆に冷たい空気が出ています。これらの機械は、内と外を逆に考えれば、本来、暖めることも、冷やすことも両方可能です。昔の冷房機能だけのクーラーは、冷蔵庫と同じで、機能が切り替えられないタイプなのです。

水などの流体は、高い所から低い方へ流れ、何もしなければその逆は起こりません。しかし、ポンプを使えば、流体を重力に逆らってくみ上げたり、送ったりできます。熱（ヒート）は、形も大きさもなく、その実態は、原子や分子の運動として蓄えられたエネルギーです。放射熱の場合は電磁波のエネルギーです。熱も流体と似ていて、温度の高い方から、低い方には自然に移りますが、その逆は起こりません。しかし、ヒートポンプを使うと、熱を温度の低い所から高い方に送ることができます。冷蔵庫やエアコンで冷却するときは、内側の熱を、より高温の外側に放出して、内側を冷やします。エアコンの暖房のときはその逆です。

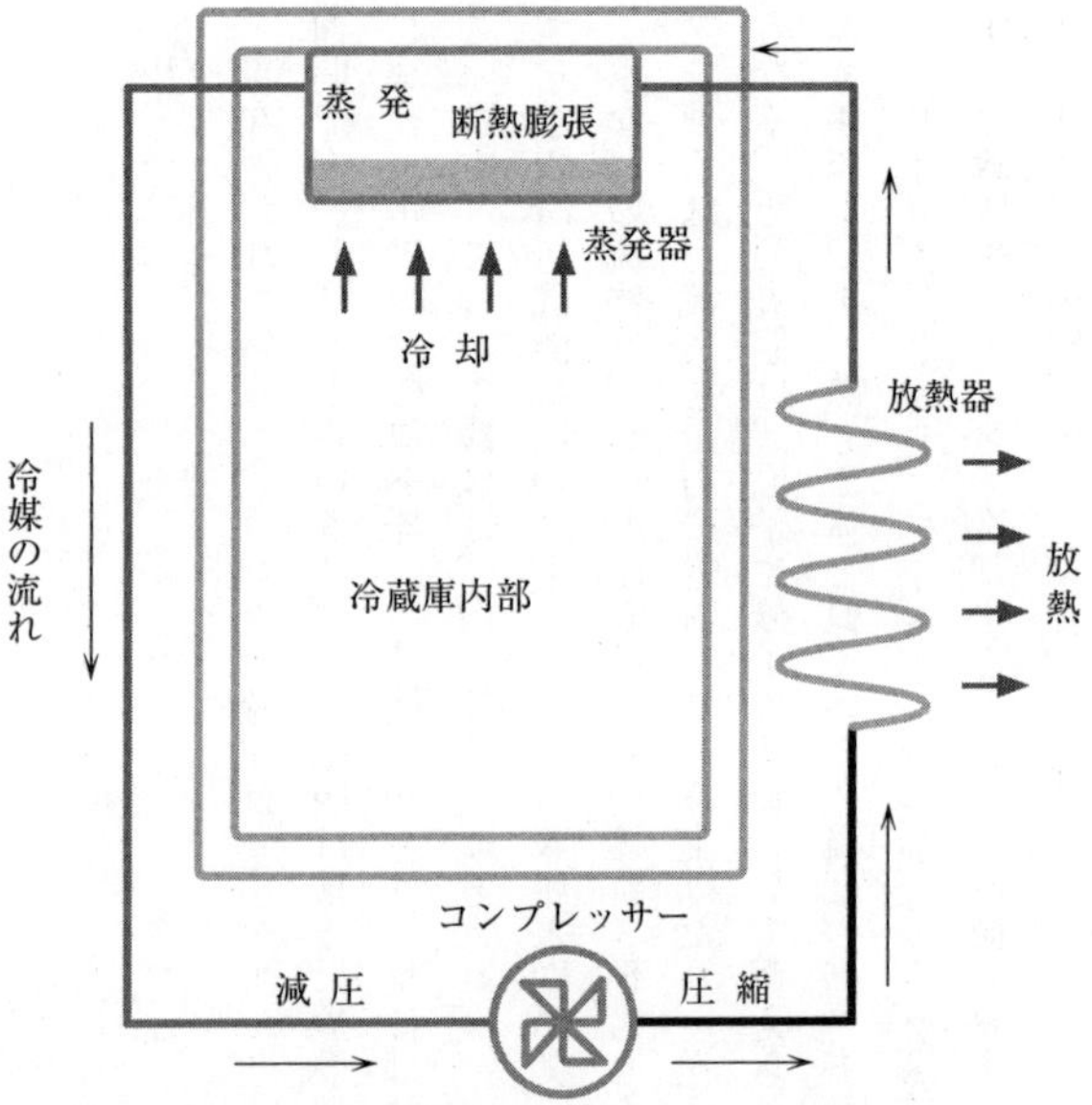

図 16・1　冷蔵庫の冷える理由

ヒートポンプは、「冷媒」とよばれる気体を、その性質を巧みに利用して、装置の内側と外側に循環させ、熱を外に出したり、内に入れたりする仕組みです。この冷媒には、現在ではオゾン層を破壊しない代替フロンが用いられますが、温室効果が大きいので、イソブタンなども使われます。他にアンモニア、二酸化炭素、まれに、空気などを使うこともあります。装置は、これらの冷媒を閉じ込めた管が冷蔵庫を一周してつながり、その途中に冷媒を圧縮するコンプレッサー（圧縮機）、いくつかの熱交換器、弁などが配置された構造です（図16・1）。コンプレッサーとは、電気で動かすピストンとシリンダーをもつポンプ式や、ロータリー式の圧縮機です。

冷蔵庫が冷却する過程を説明します。図16・1の下部のコンプレッサーのところから矢印に沿って反時計回りに冷媒が循環します。

　コンプレッサーで冷媒の気体を圧縮すると、熱は気体の分子の運動として蓄えられているので、圧縮されて温度が高くなります。これは、自転車の空気ポンプで圧縮して空気を入れるとき、ポンプの下の方が熱くなるのと同じ現象です。これを気体の断熱圧縮といいます。

　熱くなった冷媒は、庫外の放熱器の金属パイプを通るとき、外気より高温なので冷却されます。効率よく冷やすために、このパイプは長く曲がりくねり、さらにフィンという薄い金属の板が付いています。エアコンの室外機では、そこに扇風機で風を吹き付けて、さらによく冷えるようにします。いくらここで冷やしても外気温以下には冷えませんが、それで良いのです。圧縮された冷媒は、放熱器で冷やされると液体に変化します。気体が液体になるときは熱（凝縮熱）を放出しますので、さらにこの熱を放熱器で捨てることができます。空気や、二酸化炭素はなかなか液体にはなりませんが、圧縮されるだけでも良いのです。

　放熱器で熱を外に捨てた冷媒は、パイプを通って冷蔵庫の中に入ってきます。庫内に入った冷媒は、今度は、圧の低い状態の部屋（蒸発器または膨張室）に吹き出されます。そのとき液体は蒸発して気体になり、高圧の気体の場合も、急激に膨張します。これらの変化に対応して気体の温度は急激に下がります。液体が蒸発するには蒸発熱を必要とするので、蒸発のため周囲から熱を奪います。また普通、気体の分子間には弱いけれど引力がありますので、その力に逆らって膨張するために熱（エネルギー）を必要とし、自分自身の温度が下がるのです（ジュール・トムソン効果）。結果として、庫内の熱が、より低温になった冷媒に移動します。熱をもらった気体状態の冷媒はコンプレッサーのところに戻ります。

これで一巡したことになり、庫内の熱は蒸発器で冷媒に取込まれ、コンプレッサーによって圧縮され高温になって放熱器で外に出ます（図16・1の↑に注目）。コンプレッサーは気体を圧縮する仕事をするので、結果としていくぶん冷媒にエネルギーを与え温度を上昇させますが、そのエネルギーは、放熱器で放出する量より少ないのです。庫内は低温で庫外は高温ですから、この一サイクルで、全体としては自然の熱の移動方向と逆の移動をさせたことになります。

しかし、実際に熱を移す場所、すなわち、放熱器と蒸発器のところでは、温度に逆らって熱が移動しているわけではありません。自然に熱が移動できるように、冷媒を圧縮したり、膨張させたりして、温度差をうまくつくっているのです。すなわち、コンプレッサーのはたらきで、熱を放出するところ（放熱器）は周囲より高温に、熱をもらうところ（蒸発器）を周囲より低温にする仕かけなのです。

ですから、もし外気温が放熱器より高温になれば、熱が捨てられず、冷蔵庫を冷やすことができません。説明書に必ず書いてあるように、放熱器を覆ったり、壁に押し付けると冷蔵庫の冷え方が悪くなります。最近の冷蔵庫は、「壁にぴったりつけられるタイプ」というキャッチフレーズが示すように、放熱器が外からは見えなくなっています。これは、放熱器を外板と冷蔵庫の間に入れて、そのすき間に空気の流れをつくり、下部から入った空気が、放熱器で暖められ、軽くなって煙突のように上から排出され、すなわち対流により効率よく冷やせるよう工夫されています。ですから、「壁にぴったり」は良いけれど、冷蔵庫の上の吹き出し口に物を置いたり、天井が低くて上に空気が抜けにくいと、対流が妨げられて、冷却性能が落ち、そのため余分な電力を消費します。

暖房機能を実現するには、図16・1において、コンプレッサーを逆転させるか、弁とパイプの配管を工夫して切り替えることにより、冷媒の流れを逆転します。図の放熱器を蒸発器に替え、蒸発器を放熱器にと、逆の役割にするのです。そうすると、今度は室外の熱を取り込んで室内に放熱することになります。冷蔵庫の中を暖めるのは変ですが、それと同じことがエアコンの暖房機能なのです。

暖めるだけなら、エアコンを使わなくてもニクロム線などの抵抗線（発熱体）に電気を流して発熱させることができます。ヒーター式、最近のセラミックヒーターとか、遠赤外線ストーブなどもこの方法で電気をそのまま熱に変えて暖めます。この方法にはコンプレッサーは要らず、装置は安価にできます。しかし、ヒートポンプ式は、気体を圧縮して熱を集めることができるので、ヒーターを使うより三倍から六倍も効率が良いのです。

使った電気のエネルギーとその装置がつくり出す熱エネルギーの大きさの比を成績係数（ＣＯＰ）(注)といいます。ヒートポンプ式ではＣＯＰは三―六といわれています。（電力をそのまま熱に変えるヒーター式ではＣＯＰは一です。）ただし、電気の発電効率四十パーセントを考慮して、石油や石炭の一次エネルギーを基礎とするＣＯＰに換算すると、〇・四を掛けて、ＣＯＰは一・二―二・四になります。それでも、使ったエネルギーより多くの有効なエネルギーを得たことになります。

（注）ＣＯＰ（Coefficient of Performance）。日本語では「成績係数」といい、投入（入力）エネルギーに対するその装置が有用化したエネルギー（出力エネルギー）の比。この値が大きいほどエネルギー効率の良い装置です。ただし、元になるエネルギーを同じにしないと公平な比較はできません。

これは、「エネルギー保存則」に反するように思うかもしれませんが、そうではありません。一以上のCOPということは、増えた分は、空気などのもっている自然のエネルギーを無償で使わせてもらっているのです。大きなシステムのヒートポンプでは、川の水のエネルギーを利用するものもあります。このためコンプレッサーをもつヒートポンプ式は、省エネルギーで経済的なのです。しかし、最近、都市化熱とかヒートアイランド現象と言われて、大都市の気温が高くなるのは、このような機械の排熱の影響でもあります。結局は、地球全体には、お世話になりっぱなしということです。

Q17

水飲み鳥はなぜ水飲み動作を続けるのか？

〈A〉

街を歩いていると、ショーウインドーの中に水飲み鳥を見かけることがあります（図17・1）。水飲み鳥は一種の玩具で、丸いおなかに長い首、スポンジで包まれた頭につき出たくちばしをもっていて、ゆらゆらとゆれながら、ときどきコップにくちばしをつっこんで水を飲む動作を繰返します。

この水飲み鳥、ねじを巻くわけでもなく、電池が入っているわけでもないのに、どうしていつまでも水を飲む動作を繰返すのでしょうか？　また、水飲み鳥は水を飲む動作を続けるために必要なエネルギーをどうやって手に入れているのでしょうか？

水飲み鳥の胴体はふくらんだ頭部と腹部を細い管でつないだガラスの密閉容器です。管の中央に支点があり、支点を足で支えています。天びんの構造と同じで、少しでも腹が重ければ立ち上がり、頭の方が重ければ水を飲む動作をします。ガラスの胴体は、いったん空気を抜いた後、エーテルという揮発性の物質を入れて密封されています。沸点は約三十五℃ですから、室温での蒸気圧はかなり高く、少し温めるとすぐ気体となり、少し冷やすとすぐ液体になります。頭部にはスポンジがかぶせられていて、水がしみこみやすくなっています。

水飲み鳥が水を飲む動作を起こすには、一番最初だけは、鳥のくちばしがコップの水につくまで指で押してやらねばなりません（図17・2）。そのとき、エーテルの一部は頭部に移動し、管の下側は腹部の液体の外に出ます。指を離すと、頭部にあった液体は腹部に流れて鳥は立ち上がり、反動で鳥はゆらゆら揺れます（図17・1）。

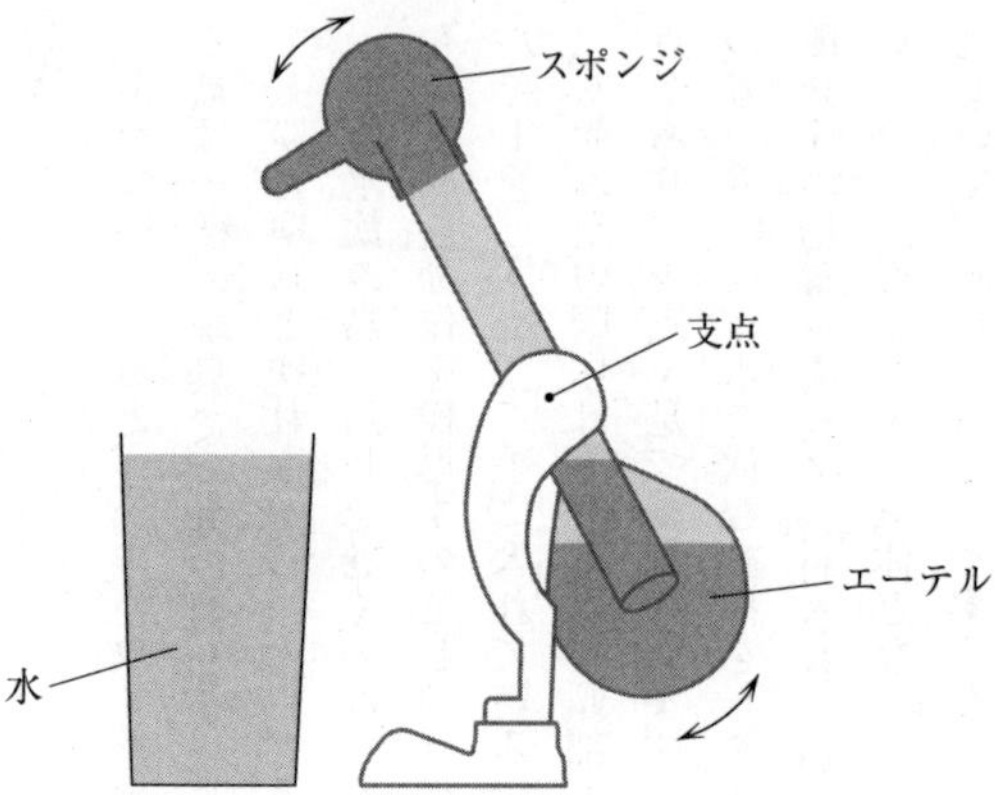

図 17・1　水飲み鳥が立ち上がってエーテルが下部にたまったときの図

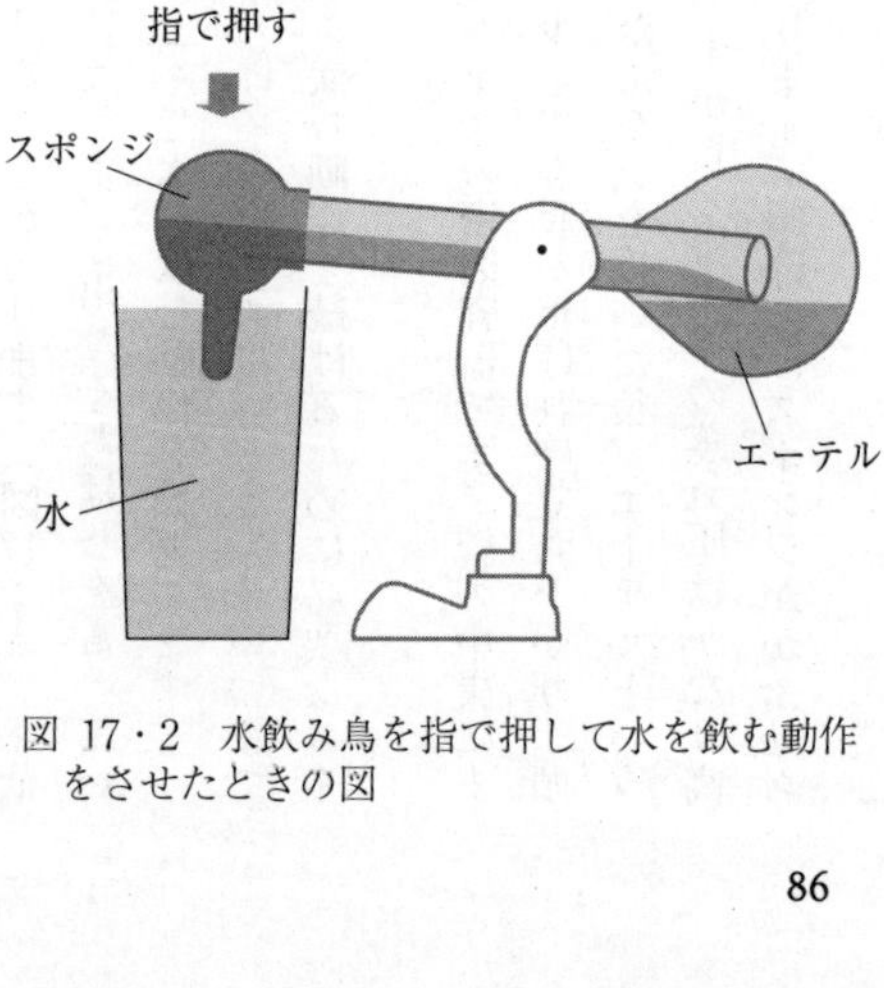

図 17・2　水飲み鳥を指で押して水を飲む動作をさせたときの図

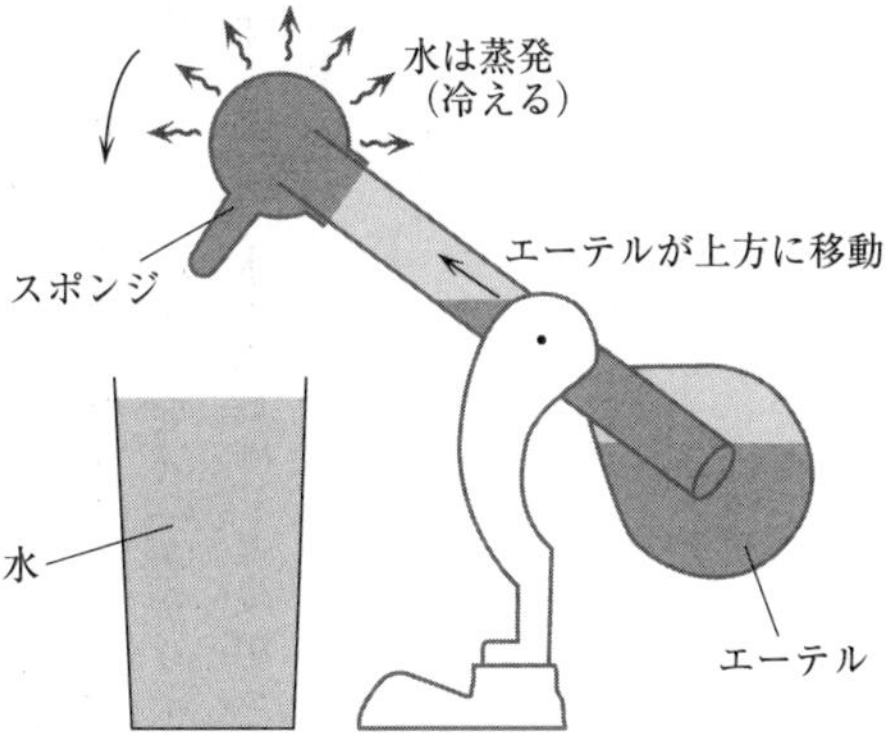

図 17・3　頭部の水が蒸発して冷え，エーテルの蒸気圧が下がりエーテルが頭部に凝縮移動して水を飲む動作に移るときの図

問題は、立ち上がった鳥がなぜつぎの水飲み動作をするかということです。水飲み鳥がコップにくちばしをつっこんだとき、頭のスポンジに水がしみこみました。体を起こしてゆらゆらとゆれている間に、水が蒸発してスポンジが乾いてきます。そのとき、水は周囲から蒸発熱を奪います（Q 14 参照）。空気が乾燥していると、スポンジにしみこんだ水が自然に蒸発して頭部が冷やされます。その結果、頭部と腹部をつないでいるガラス管内にあるエーテル上部の蒸気圧が、腹部液面上の蒸気圧よりも小さくなり、液体のエーテルが頭部に昇っていきます。そのため、頭部が除々に重くなり、水飲み鳥はゆっくりと頭を下げていきます（図17・3）。しかし、そのくちばしがコップの水につくあたりまで下がると、図17・2のように頭部と腹部をつないでいる管の下部がエーテル液面から離れるため、エーテルは急激に腹部に流れ落ちます。そのため頭部は急に軽くなり、再び立った状態に戻ります。頭部のスポンジが湿って水が蒸発している間はこの動作を繰返します。

一連の動作の間、水飲み鳥のエーテルは蒸発したり凝縮したりしているだけで減ることはありません。一方、スポンジに含まれた水は蒸発するだけです。結局、水飲み鳥は水の蒸発によって運動を続けていることになります。水の蒸発熱は直接的にはどこからくるのでしょうか？　それは太陽からの放射熱とまわりの空気の成分の分子運動のエネルギーですが、おおもとは太陽からのエネルギーです。結局、水のみ鳥は、太陽からのエネルギーで水が蒸発することを利用して水飲み動作を繰返すのです。

Q18 ペットボトルに熱いお湯を注ぐと変形するものがあるのはなぜ？

〈A〉

ペットボトルには飲み口の白いボトルと透明なボトルがあります。白口ボトルは熱いお湯を入れても変形しませんが（耐熱ボトル）、透明口ボトルは口を含めて全体が変形します（非耐熱ボトル）。ボトルを形づくっているペットというプラスチックはガラスと結晶という二つの状態が混ざった固体です。このうちガラスの部分は約七〇℃で一〇℃程度の温度幅でとけ、結晶の部分は約二六〇℃でやはり一〇℃程度の幅でとけます。すなわち、ペットボトルを加熱すると二段階でとけるのです。熱いお湯を入れたら七〇℃を優に超してしまいますので、ガラスの部分は融けますが、結晶はまだ融けません。このときボトル全体が変形するかどうかは、主としてガラスと結晶の混合割合で決まります。結晶部分の割合が多いボトルは熱により変形せず（耐熱ボトル）、ガラスの割合が多いボトルは変形します（非耐熱ボトル）。

解説1　ペットの名前の由来

ペットは合成樹脂（プラスチック）の一種です。合成樹脂は、石油を原料にして人工的につくられた分子からできています。このような分子のことを合成高分子とよびます。「高」がつくわけは後で述べます。ペットボトルのペットとはたくさんの種類の合成高分子の中の一つの物質の化学名の略称なのです。正式にはポリエチレンテレフタレートといいますが、これはポリ・エチレン・テレフタレートのように三つに分解されます。ペットとはこの三つの言葉の頭文字をPETのように連ねたものなのです。愛玩動物のペットとは無関係な言葉です。

ペットの原料はエチレングリコールとテレフタル酸の二つですが、いずれも石油からつくられます。そして、これらが化学的に結合してできたものをエチレンテレフタレートといいます。ちょうどA・B二種類の車両が一両ずつ連結しただけの短い列車を思い浮かべればよいでしょう。このときの連結の様式をエステル結合といいます。そして、(A・B)単位の車両がもっとたくさん、たとえば百単位連結してできた長い列車をポリエチレンテレフタレートといいます。ポリとは「多い」という意味です。つまり、ペットとはエチレンテレフタレートがたくさん連なった長い長い分子のことなのです。このときの結合様式もエステル結合です。

エチレングリコールとテレフタル酸だけではなく、いろいろな原料がエステル結合で連なってできた高分子を総称してポリエステルといいます。合成繊維の中にポリエステルというものがあることはご存じでしょう。実は、ポリエステル繊維はペットを紡糸・延伸という操作によって糸の形にしたものです。ペットボトルは、ポリエステル繊維と兄弟の関係にあるのです。その意味では、ポリエステル繊維はペット繊維とよんでもよいでしょう。

エチレングリコールやテレフタル酸のような原料を一般的に単量体(モノマー)、エチレンテレフタレートのような連結単位を繰返し単位、ペットのように繰返し単位がたくさん連なってできた長い分子を高分子（ポリマー）といいます。

ところで分子量とは、化学構造式の中の原子の原子量の総和でしたね。したがって、高分子は必然的に分子量が大きくなります。高分子の「高」とは分子量が大きいという意味です。

解説2　結晶とガラス

結晶は、分子が規則正しく整列した固体です。よくご存じのように氷や雪は水の結晶です。これに対して、非結晶（通常非晶とよびます）は分子が不規則に集まった状態です。氷がとけてできた水は典型的な非晶体です。水は液体ですが、物質によっては非晶体のままで固体になる場合もあるのです。このような固体を非晶固体またはガラスといいます。窓ガラスは、この広い意味でのガラスの一種にすぎないのです。そしてここが重要なところですが、結晶性の物質でも、時と場合によってはガラスという非晶性の固体にもなり得るのです。つまり一つの固体物質には結晶とガラスの二つの状態があるのです。ガラスとは物質の固体状態の一つであり、これをガラス状態といいます。実は、水もガラス状態になることが日本の研究者によって明らかにされました。なお、結晶がとけて液体になる温度を融点とよびますが、ガラスがとけて液体になる温度はガラス転移点といいます（Q3参照）。

解説3　ペットボトルの熱的性質

皆さんが手にするペットボトルは固体ですが、これを約二六〇℃以上に加熱すると完全にとけて液体になります。この約二六〇℃という温度はペットの結晶の融点です。この融点には一〇℃程度の温

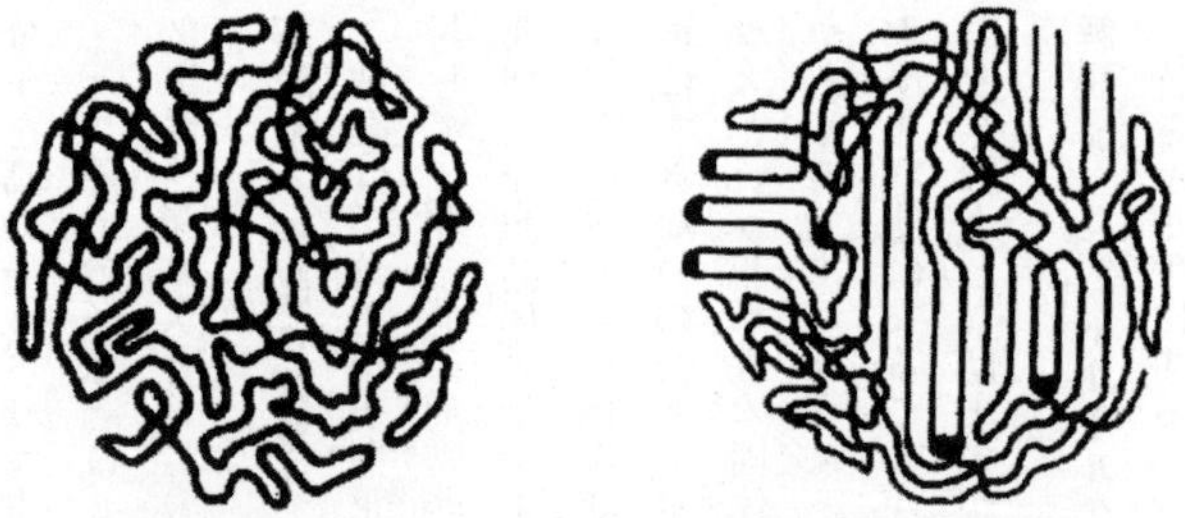

図 18・1　高分子の集合構造．左は非晶（液体またガラス）のみ，右は非晶（液体またガラス）と結晶（規則的に並んだ部分）の混合．ペットのガラスは約 70℃ で，結晶は約 260℃ でとけて，いずれも液体になる．約 70℃ に加熱した程度ではまだ結晶固体が残っているので完全にはとけない

度幅があることは前に述べたとおりです。

さて、液体のペットでは何本もの長い分子が糸まり状にもつれ合って集まっていますが（図18・1左）、面白いことにこのような長い分子でもゆっくり冷やせば液体から結晶ができるのです。繰返し単位が小さな水分子と同じようにふるまってきちんと整列できるのです。しかし、さすがに高分子の集まり全体が結晶になることはできません。結晶化のさせ方、たとえば液体から冷やしていく速度によって結晶の割合（これを結晶化度といいます）を変えることはできますが、どうしてもかなりの部分が非晶として残ってしまいます。このときの非晶は当然液体ですが、さらに冷やしていくとこの液体部分がガラス化して非晶固体になるのです。つまりペットボトルは結晶とガラスの両方の固体からできているのです（図18・1右）。

逆に、このペットボトルを室温から加熱してゆくと、まずガラス部分がガラス転移点の約七〇℃でとけて液体になります。七〇℃という温度は熱湯の温度の約一〇〇℃より低いことを意識しておいて下さい。さらに加熱を続けると融点の約二六〇℃で結晶もとけて全体が液体になってしまいます（図18・1左）。このように、ペットボトルは約七〇℃と約二六〇℃の二段階でとけるのです。しかし、非晶が約七〇℃でとけてもまだ結晶がとけずに頑張っていますので、ボトル全体が柔らかくなるのみで、液体になってしまうことはありません。とけた非晶部分を結晶がネットの結び目のように固定しているからです。ただ、この柔らかくなる程度はボトルの種類で異なり、結晶化度が大きいとあまり柔らかくなりませんが（耐熱ボトル）、結晶化度が小さいとかなり柔らかくなってボトル全体が熱変形してしまうのです（非耐熱ボトル）。耐熱ボトルでも熱湯を入れたときに変形はしないまでも少し柔らかくなるのはこういう理由からです。

一方、二六〇℃以上にある液体のペットをすばやく冷やすと全く結晶化できずに糸まり状のままガラス化して全体が非晶固体になってしまいます。そのときの構造も図18・1左に同じと考えられます。この状態のペットを室温からゆっくり加熱していくとガラス転移点で液体になりますが、そのまま加熱を続けると一四〇℃付近で部分的にですが結晶化します。この結晶化は先に述べた高温液体からゆっくり冷やしたときより低温で起きるので冷結晶化といわれます。

解説4　ペットボトルのつくり方

ペットボトルをつくるときは、まず高温液体のペットをすばやく冷却して全体がガラス状態にあるプリフォームというものを成型します。プリフォームはちょうどガラス製の試験管のような形をしていて、やはり透明です。ペットのガラスも透明なのです。そして、このプリフォームを適当な温度に加熱し、延伸ブロー成型という方法でゴム風船のように膨らまして最終のボトルの形にするのです。このとき、結晶化度が適当に変わるような条件で成型すれば、耐熱ボトルにも非耐熱ボトルにもなるのです。

プリフォームの口の部分は変形させずにもとのままの形で残すのですが、この口を一四〇℃程度に加熱する場合と全く加熱しない場合とがあります。加熱するのは耐熱ボトルの場合で、加熱によって冷結晶化し、生成した結晶粒が光を乱反射するので白く見えるようになります。この結晶も二六〇℃までとけませんので熱いお湯を入れても口は大丈夫です。一方、非耐熱ボトルは全く加熱しませんので透明のままで、七〇℃以上のお湯を入れるとボトル本体だけでなく口の部分も熱変形してしまいます。なお、先の延伸ブロー成型時には口以外の部分も結晶化するのですが、厚みが薄いことや結晶粒が小さいなどの理由で、耐熱、非耐熱ボトルのいずれもがほぼ透明に見えます。もうわかりましたね。ペットボトルの耐熱性は口の部分が白色か透明かで見分けがつくのです。

最後に、どうしてペットボトルには耐熱ボトルと非耐熱ボトルがあるのでしょうか？　緑茶を例にとりますと、緑茶の充てん方法に無菌充てんとホットパックという二通りの方法があります。無菌充てんは常温の緑茶を充てんしますので非耐熱ボトルでよいのです。一方、ホットパック方式では約八十五℃に加熱した緑茶を充てんしますので、耐熱ボトルでなければいけないのです。どちらの方式を採用するかは緑茶の味に深く関係することなので、たいへんな企業判断だそうです。

ペットボトルにもいろいろな工夫がなされていることがわかればわかるほど、たった一回使っただけで捨てるのはもったいない気がしてきますね。さて、あなたならどうしますか？

第五章　化学変化とエネルギーの出入り

——ものが変化するとはどういうことだろう

Q19

化学カイロはどうして温かくなるのか？

〈A〉

使い捨て型の化学カイロは、鉄粉がさびる変化が発熱反応であることを利用したもので、その反応が十—二十時間程度にわたって続くように、袋の中に鉄粉のほかに食塩、水、活性炭（炭素の粉）、保水剤などを入れたものです。袋は二重になっていて、外側の袋は空気を通さないよう高分子の薄いフィルムをはり合わせてできていますが、内側は布の袋で空気をよく通します。このため、外側の袋を破ると空気中の酸素が鉄粉や水と反応して赤さびを生じ、発熱するのです。

解説1　化学カイロの簡単な実験

鉄がさびる変化では熱が発生しますが、普通はその変化が遅いために、熱（反応熱）の発生に気がつかないほどわずかです。この反応をほどよい速さにすると、反応熱による発熱が利用できます。市販の使い捨てカイロに用いられるこの原理は、つぎの①—③の実験で簡単に確かめることができます。

① 活性炭十二グラムを発砲スチロールカップに入れ、十％食塩水十ミリリットルを加える。

② この混合物に鉄粉八グラムを加えて、ゆっくりかき混ぜる。

③　発熱による温度の上昇を数分間ごとに記録する。

使い捨て型の化学カイロの反応では、加えられた食塩は反応を起こりやすくするはたらきをしています。活性炭は長い時間にわたって反応を持続させるはたらきをします。水は木材チップやバーミュキュライトという鉱物の粉末などの保水剤に吸収させて入れてあるので、袋の中の粉末はべとつくことなくサラサラした状態に保たれています。保水剤として高吸水性の高分子（ポリマー）の粉末を使ったものもあります。

　鉄が赤さびになるとき発熱するのは、鉄が酸素などと反応する前にもともともっていたエネルギーと赤さびになったときのエネルギーを比べると、反応後の赤さびのもつエネルギーが低くなるためです。そのエネルギーの減少分が、まわり（外界）に熱として放出されます（図19・1）。これが、発熱反応がなぜ起こるのかという一つの理由です。

　自然界では鉄は赤鉄鉱や磁鉄鉱などのように鉄の酸化物として産出します。このような鉄の酸化物中の鉄と酸素の結合を切るには、外界から熱などの形でエネルギーを与える必要があります。たとえば、鉄の酸化物は外界

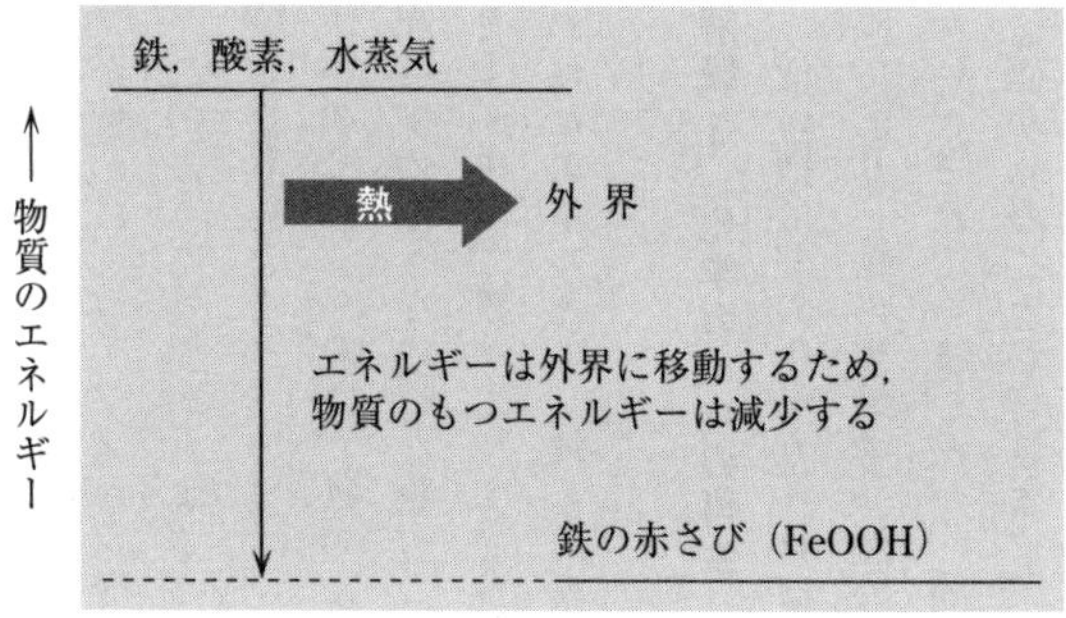

$$4Fe + 3O_2 + 2H_2O \longrightarrow 4FeOOH$$

図 19・1　鉄の赤さびの生成におけるエネルギーの変化

からエネルギーを吸収して鉄と酸素になります（溶鉱炉での鉄の製錬では、多量の化石燃料とコークスが使われ、コークスから発生した一酸化炭素が鉄鉱石と反応して鉄と二酸化炭素になります）。

このように外界からエネルギーを吸収して生じた物質はもとより高いエネルギーをもっており、不安定な状態となっています。不安定な鉄は、空気中の酸素や水蒸気と反応して安定な赤さびになりやすいのです。一般に、鉄のように不安定な物質（物質のもっているエネルギーが高い状態）は、鉄の赤さびのような安定な物質（物質のもっているエネルギーが低い状態）へと変化しやすい傾向があります。また、鉄がさびて赤さびになるときに発する熱エネルギーは、鉄鉱石から鉄を製錬するとき使われたエネルギー（鉄と酸素を引き離すのに要したエネルギー）によるものです。

解説2　化学カイロの再生

使い捨て型の化学カイロは、文字通り使用後は捨てられていますが、原料の鉄鉱石は資源として有限であり、鉄の製錬で多量のエネルギーを消費しています。これまで、化学カイロの再生利用はできないとされていましたが、簡単な処理で再生できることがわかってきました。その方法をつぎのように確かめることができます。すなわち、

① 上記のカイロの実験で用いた廃棄物を磁製のるつぼに移し、ふたをして電気炉（マッフル炉）で九百―千℃で一時間程度加熱する。

② 加熱した廃棄物を冷却後、発泡スチロールカップに移し、十％塩化ナトリウム水溶液を約十ミリリットル加えて、かき混ぜながら温度を記録する。

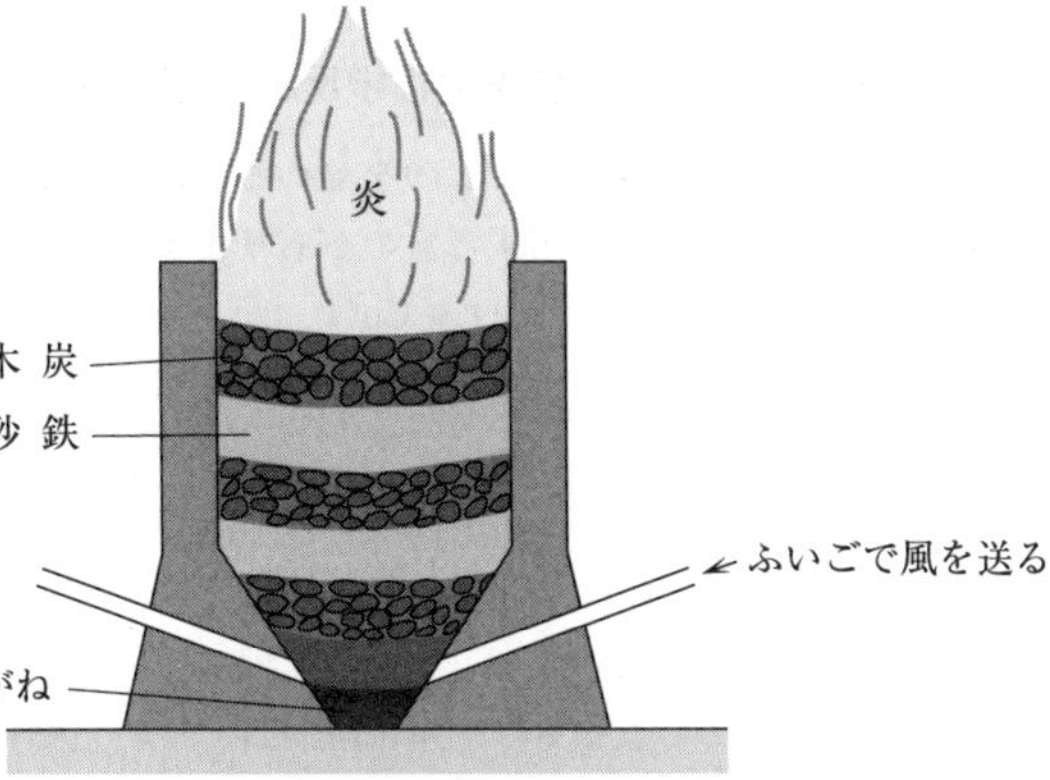

図 19・2　たたら法による製鉄の原理．たたら法は，たたらとよばれる炉の中に木炭と砂鉄を交互に積み上げ，人力ふいごで送風して，鉄を得るものであった．このようにして得られた鉄は，玉はがねとよばれ，日本刀などの材料として用いられた

その結果、再生したカイロの温度上昇度は、もとのカイロよりも高いことがわかりました。

この再生の原理は、つぎのように考えることができます。まず、赤さびのおもな成分は酸化水酸化鉄(Ⅲ)ですが、これは加熱により酸化鉄(Ⅲ)となります（これは、鉄鉱石の一種である赤鉄鉱の主成分です）。また、使用済みの化学カイロでは、赤さびのほかに黒さびが少量含まれています（これは、砂鉄や磁鉄鉱とよばれる鉄鉱石と同じ成分の四酸化三鉄からできています）。こうして生じた酸化鉄(Ⅲ)や四酸化三鉄が、廃棄物中に変化しないで残っている活性炭（炭素）とともに熱せられると、鉄と化合している酸素が炭素と反応して二酸化炭素となるため、還元されて鉄が再生できます。この方法はわが国で昔、砂鉄と木炭を使って鉄をつくっていた方法、すなわち、たたら法とよばれる製鉄と同様な原理に基づいていますす（図19・2）。

日本酒の熱かん――旅先で化学反応熱を利用する

化学反応による発熱を利用してものを温める例に，化学カイロのほかに生石灰と水の反応を利用するものがあります．

生石灰（主成分は酸化カルシウム CaO）は，水と反応しやすいため菓子やのりが湿気を帯びることを防ぐために家庭でもよく使われています．

$$\underset{\text{酸化カルシウム}}{CaO} + \underset{\text{水蒸気}}{H_2O} \longrightarrow \underset{\text{水酸化カルシウム}}{Ca(OH)_2} \quad 1.16\,kJ/g\ \text{の発熱} \qquad (1)$$

この反応は，かなりの発熱反応ですが，乾燥剤として空気中の水蒸気と徐々に反応しているときは，単位時間当たりの発熱量が少ないので，温度はほとんど上がりません．一方，生石灰の粉末に液体の水を作用させると，反応が急激に進み単位時間当たりの発熱量が大きく，急激に温度が上昇します．

このような発熱を利用して，温めることができる日本酒や弁当がキオスクなどで売られています．その仕組みは，生石灰の粉末と水を別々の容器に入れておき，レバーを引くなどして水を粉末に接触させると，反応が急激に起こり多量の熱が発生するというものです．

なお，このような反応で生じた水酸化カルシウム $Ca(OH)_2$ は消石灰ともよばれ，アルカリ性の物質であり腐食性が強いので皮膚や目につくと危険です．特に目に入った場合は要注意で，十分に流水で洗眼した後，眼科医の診察を受けることが必要です．また，生石灰を工場などで大量に保存しているとき雨漏りなどのため水と反応して発熱し，火災が発生した事例もあります．このため，生石灰は禁水性の物質に分類されています．したがって，家庭で乾燥剤として使われている生石灰も使用後は，水と接触しないように注意する必要があります．特に，この粉末を口に入れたり目につけると水分と反応し，発熱によるやけどやアルカリによる腐食のために，障害の程度が大きくなる恐れがあります．

Q20 鉄粉やスチールウールが燃えるのはなぜ？

〈A〉

鉄くぎや鉄板を空気中で炎の中に入れると、その表面が空気中の酸素に酸化されて黒くなりますが、その内部は鉄のままです（一〇三ページの「スチールウールの燃焼」参照）。一方、鉄粉やスチールウールは空気と接している部分（表面積）が広いので、空気中の酸素とよく反応します。その結果、反応による発熱量が多く高温になるため、さらに激しい反応となり、ついには多量の熱と光を出しながら燃えるのです。表面積が増えることにより化学反応が急激に加速される現象として、粉塵爆発があります。

解説1　燃　焼

ろうそくや木片のように成分として炭素や水素を含む物質の多くは点火すると、空気中の酸素と反応して多量の熱と光を出しながら燃焼します。このとき、物質の成分である水素は水になり、炭素は二酸化炭素となります。ただし、空気中の酸素が少ない状態で燃えると、炭素は二酸化炭素のほかに有毒な一酸化炭素となります（このような燃焼を不完全燃焼といいます）。一酸化炭素は血液中のヘモグロビンと強く結合するため、ヘモグロビンが本来もっている体内での酸素運搬能力を妨げます。このため、空気中の一酸化炭素濃度が約〇・〇〇一％以上になると中毒を起こします。したがって、炭素が主成分である木炭のほか、炭素を成分として含む灯油や都市ガスの燃焼では、室内の空気中の酸素濃度が低くならないよう換気に十分注意する必要があります。

一酸化炭素は、塩素、硫化水素、二酸化硫黄などの有毒な気体に比べて毒性は弱いのですが、日常生活の中でその中毒事故がしばしば起こっています。これは、大部分の燃料は成分として炭素を含んでいるため、不完全燃焼によって一酸化炭素が発生しやすいためです。また、一酸化炭素は他の多くの有毒な気体と異なり、無色・無臭で刺激性もないため、その濃度の増加に気づきにくいことも、その中毒事故が起こりやすい原因となっています。

物質の燃焼で炎を出しながら燃える場合は、気体が燃えています。気体の燃焼は、都市ガスなどの気体が直接燃える場合のほか、固体や液体の物質が分解したり融解・蒸発して生じた気体が燃える場合があります。ろうそくや木片に点火すると炎を出しながら燃え続けるのは、燃焼による熱によって絶えず燃える気体が生じているからです。アルコールランプでは、液体の燃料用アルコールが蒸発して気体となって燃えます。一方、線香やタバコの燃焼のように、炎を出さないで燃えるものもあります。これらの燃焼では、固体の表面が酸素と反応して燃焼するので、表面燃焼とよばれます。

スチールウールの燃焼

スチールウールをガスバーナーの炎の中で燃やすと，空気中の酸素 O_2 と鉄 Fe が化合してその質量が増えます．この場合，鉄が室温で酸素と水蒸気と反応して生じる赤さびとは異なった生成物となります（Q 19 参照）．スチールウールを空気中で燃やしたときの質量増加率は，実験の条件にもよりますが，30% 程度となるのが普通です．その質量の増加率は，鉄が酸化されて生じる生成物の組成がわかれば，化学反応式に基づいて計算できます．しかし，その生成物は 1 種類だけではなくおもに四酸化三鉄 Fe_3O_4 と酸化鉄(III) Fe_2O_3 の混合物となっています．その割合は実験条件によって変化します．

$$3Fe + 2O_2 \longrightarrow Fe_3O_4$$
$$4Fe + 3O_2 \longrightarrow 2Fe_2O_3$$

また，鉄の中心部では酸素の供給が不十分なため，一部は未反応の鉄が残っています．これは，高温では空気中の酸素が鉄の内部に入っていく（拡散する）ことはできますが，その拡散過程は起こりにくいためです．結局，スチールウールの燃焼では上記の 2 種類の酸化物と未反応の鉄の混合物が得られます．

なお，スチールウールを燃やした後，未反応の鉄の割合を簡単な実験で調べるにはどうすればよいでしょうか．そのヒントは，これらの物質と酸の反応の違いに着目することです．鉄の酸化物は，塩酸 HCl などの酸と反応して二価の鉄イオン Fe^{2+}（または三価の鉄イオン Fe^{3+}）と水 H_2O になります．一方，未反応の鉄は二価の鉄イオンと水素 H_2 の気体を生じます．

$$Fe + 2HCl \longrightarrow FeCl_2 + H_2$$

発生した水素は水上置換で捕集でき，その体積から未反応の鉄の量が計算で求められます（1 モルの鉄から 1 モルの水素が発生するという量的関係が成り立っています）．このようにして，実験条件にもよりますが，平均して十～数十 % の鉄が未反応のまま残っていることを確かめることができます．

解説2 粉塵爆発

固体が酸素などの気体と反応するとき、その反応の速さ（激しさ）は、固体の表面積が大きいほど大きくなります。すなわち、水溶液などの液体が反応するとき、その濃度が高いほど反応が速くなるように、固体の反応の場合はその表面積が大きいほど反応が早くなるのです。また物質が酸素によって酸化される反応はかなりの発熱反応であり、反応が始まると温度が急激に上がるためさらに反応が激しくなるのが普通です。

このため、上述のように、鉄を繊維状にしたスチールウールのほかに、鉄を細かい粉末状にした鉄粉の場合も、ガスバーナーの炎の中に入れると光を出しながら燃えます。さらに、鉄などの金属を細かい粉末にしますと、空気中で自然発火することもあります。また、鉄のほかアルミニウムやマグネシウムなどの粉末が空気中に浮遊してある濃度に達すると、火花などによって一瞬のうちに爆発します。このような爆発を粉塵爆発といい、金属の粉のほか炭素、デンプン、小麦などの粉体が空気中に浮遊している場合、火花などによって爆発が起こることがあります。

石炭の微細な粉末は炭塵とよばれますが、これが炭坑内で爆発（炭塵爆発）することがあります。かつてわが国でも炭坑内で炭塵爆発が起こり多くの人命が失われる大事故が起こりました。また、炭坑内では酸素が十分にないため不完全燃焼も起こり、一酸化炭素の発生に伴い、一酸化炭素中毒による後遺症もみられました。

Q21 ものを加熱するとどんな変化が起こるか？

〈A〉

加熱により物質に熱を与えると、物質を構成している原子や分子の熱運動が活発になります。その結果、物質の温度が上昇し、さらに加熱すると、簡単な分子からなる固体（結晶）は融解して液体になり、ついには沸騰して気体になります。氷→水→水蒸気の変化がその典型的な例です。食塩のようなイオン結晶や鉄のような金属では原子間に強い引力がはたらいているので、相当高温まで加熱しないと融解しません。保冷剤のドライアイスや防虫剤のショウノウは、液体を経由せずに、固体から直接気体に変化します。この現象を昇華といいます。高い圧力条件のもとで加熱した場合、ドライアイスもショウノウも固体（固相）→液体（液相）→気体（気相）と変化します（図14・1参照）。このような状態の変化を相転移あるいは相変化（解説1）といいます。

相転移が起こるのは物質の三態（固体、液体、気体のこと）の間のみではなく、たとえば固体物質の電気抵抗がゼロになる超伝導転移や、磁石になる磁気転移（解説2）など、実に多くの物質が固体状態でさまざまな種類の相転移を起こします。また液晶のように液体状態で相転移を起こす例も数多く知られています（解説3）。

タンパク質のような高分子を加熱すると、タンパク質を構成しているアミノ酸の配列（一次構造という）は変化しませんが、高次構造（三次元構造のこと）が変化します。卵の白身や黄身が加熱により固まるのは、このようなタンパク質の変性のためです。

加熱を続けると、熱分解や化学反応が起こりやすくなります。空気中などで加熱すると、酸素との化学反応が急激に進行し、ついには燃焼が始まり放熱します。これは燃焼する前に、ものと酸素がもっていた化学結合エネルギーと分子の熱運動によるエネルギーの和よりも、ものが酸素と反応して二酸化炭素や水のような酸化物になったときのエネルギーの方が小さいので、このエネルギー差を熱として外界に放出するためです。

解説1　相転移

物質の三態の間で起こる相転移では、圧力が一定の条件で相転移が起こる温度は物質により決まっています。一気圧（一〇一三・二五ヘクトパスカル）のもとで氷は〇℃で融解し、水は一〇〇℃で沸騰します（現在国際的に認められている水の沸点は、九九・九七四℃です）。しかし高い山でお湯を沸かすと、気圧が低いので一〇〇℃以下で沸騰します。圧力鍋では水の沸騰温度が高くなるので、短時間で調理ができます。保冷剤のドライアイスは、液体にならずに固体から昇華して気体になります。しかしドライアイスも五・二気圧以上では、加熱により固体→液体→気体の状態変化をするようになります。

加熱すると物質の温度が上がりますが、相転移が起こっている間は温度が変化しないことがあります。たとえば氷水の温度は氷が全部融けるまで〇℃ですし、やかんでお湯を沸かすとき、いくら加熱しても水の温度は一〇〇℃のままです（等温変化といいます）。加熱で供給した熱は固体の氷を液体の水に変化させるために使われ、また液体の水を気体の蒸気に変化させるために使われます。このような熱量を潜熱とよびます。氷の融解温度では、固相の氷と液相の水が共存します。等温変化で潜熱を伴い、二相が共存するような相転移を一次相転移と定義しています。これに対して、相転移がある温度領域で連続的に起こる場合、二次相転移あるいは高次相転移といいます。

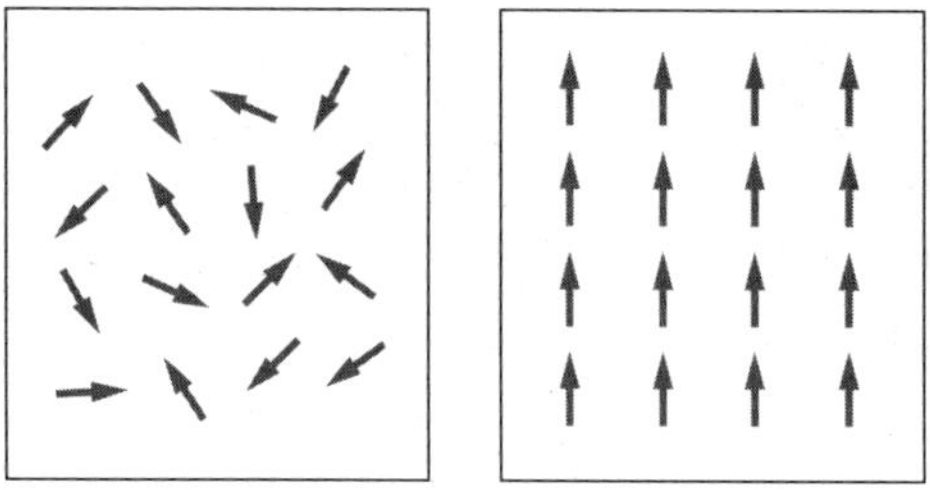

図 21・1　常磁性体と強磁性体の電子スピン

解説2　磁気転移

電車の切符の裏に塗布されている褐色の物質や、クレジットカードに埋め込まれている磁気記録媒体は、フェライトとよばれる金属酸化物で、金属原子の電子がもつスピンが関係した磁性体です。電子のスピンとはN極とS極をもった小さな磁石のようなものです。その磁石を矢印で示し、結晶格子上に並べたのが図21・1です。ここで結晶格子というのは、スピンをもった金属原子の結晶中での配列を意味します。

温度が高いと小さな磁石であるスピンは熱運動のために活発に向きを変え、常磁性状態となるため、結晶全体としては磁石にな

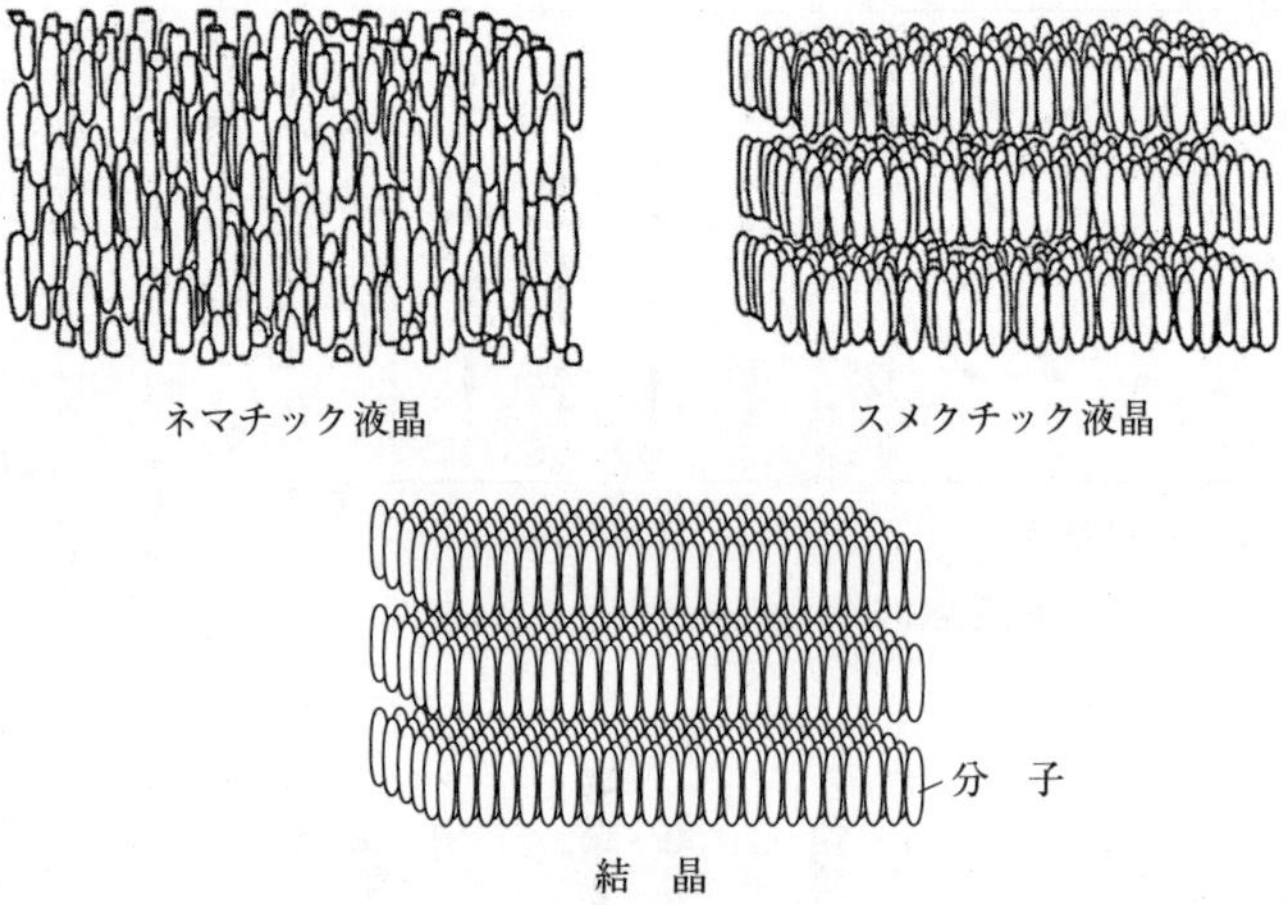

図 21・2　代表的な液晶状態と結晶での分子配列

りません。結晶の温度を下げて熱運動を抑えると、スピン間の相互作用の方が強くなり、ついには相転移が起こって、それ以下の温度では小さな磁石が一定方向にそろった強磁性状態が実現し、結晶が磁石となります。したがって、磁性体を加熱したら、その物質に特有なある温度（キュリー点）より高温側では磁石のはたらきをしないことになります。磁性体としては金属・合金やフェライトのような無機物がよく知られていますが、最近は研究が進み、純粋な有機物でも強磁性体になるものがつぎつぎと合成されています。

解説 3　液晶の相転移

電卓や液晶テレビの表示素子に用いられているのが液晶で、長い棒状の分子が向きをそろえて配列した液体です。図21・2に代表的な液晶状態であるネマチック液晶とスメクチック液晶および結晶での分子配列を示します。結晶状態では、分子の重心位置や分子の向きは規則正しくなっており、固体です。ネマチック液晶状態では、分子の向きはほぼそろっていますが、分子の重心位置は無秩序に動き回っています。スメクチック液晶状態では、分子は層状構造に配列しますが、分子の重心位置は無秩序に動き回っています。

このように液晶は液体ですから流動性があり、分子の向きを外部の電場で容易に変えることができる性質を利用したのが、液晶表示です。加熱して温度を上げると相転移が起こり、液晶状態が解消されて通常の液体になるので、表示素子としての役割を果たさなくなります。電卓は高温の場所では使えません。

Q22

ガスを燃やして冷却する冷蔵庫とは?

〈A〉

Q16で説明したヒートポンプ式の電気冷蔵庫では、コンプレッサーを動かして庫内を冷却していました。しかし、電気がなくてもガスの燃焼のような一定の熱源があれば、冷蔵庫や冷凍機をつくることができます。吸収式冷凍機や、現在開発途上の固体吸着式またはゼオライトヒートポンプなどの装置です。これらの装置ではコンプレッサーは使わず、その代わり、気体の「吸着」または「吸収」現象を利用します。吸収式冷凍機(図22・1)では、臭化リチウムなどの塩の水溶液(吸収剤)に水蒸気(冷媒)を吸収させる方法や、アンモニア(冷媒)を水(吸収剤)に吸収させる方法が用いられます。

ここでは、図に従って臭化リチウム―水系の吸収式冷凍機について説明します。蒸発器では、水の蒸発による熱(蒸発熱)により冷却します。蒸発器と管でつながった吸収器には濃い塩溶液が入れてあり、吸収器の中は水蒸気圧が低い状態になっています。蒸発器と吸収器の水蒸気圧の差により、蒸発器で発生した水蒸気は管を通って吸収器に移動し、そこの濃い溶液に吸収されるのです。水蒸気を吸収して薄まった塩溶液は、ポンプにより分離再生器に送られます。この途中で熱交換器を通ること

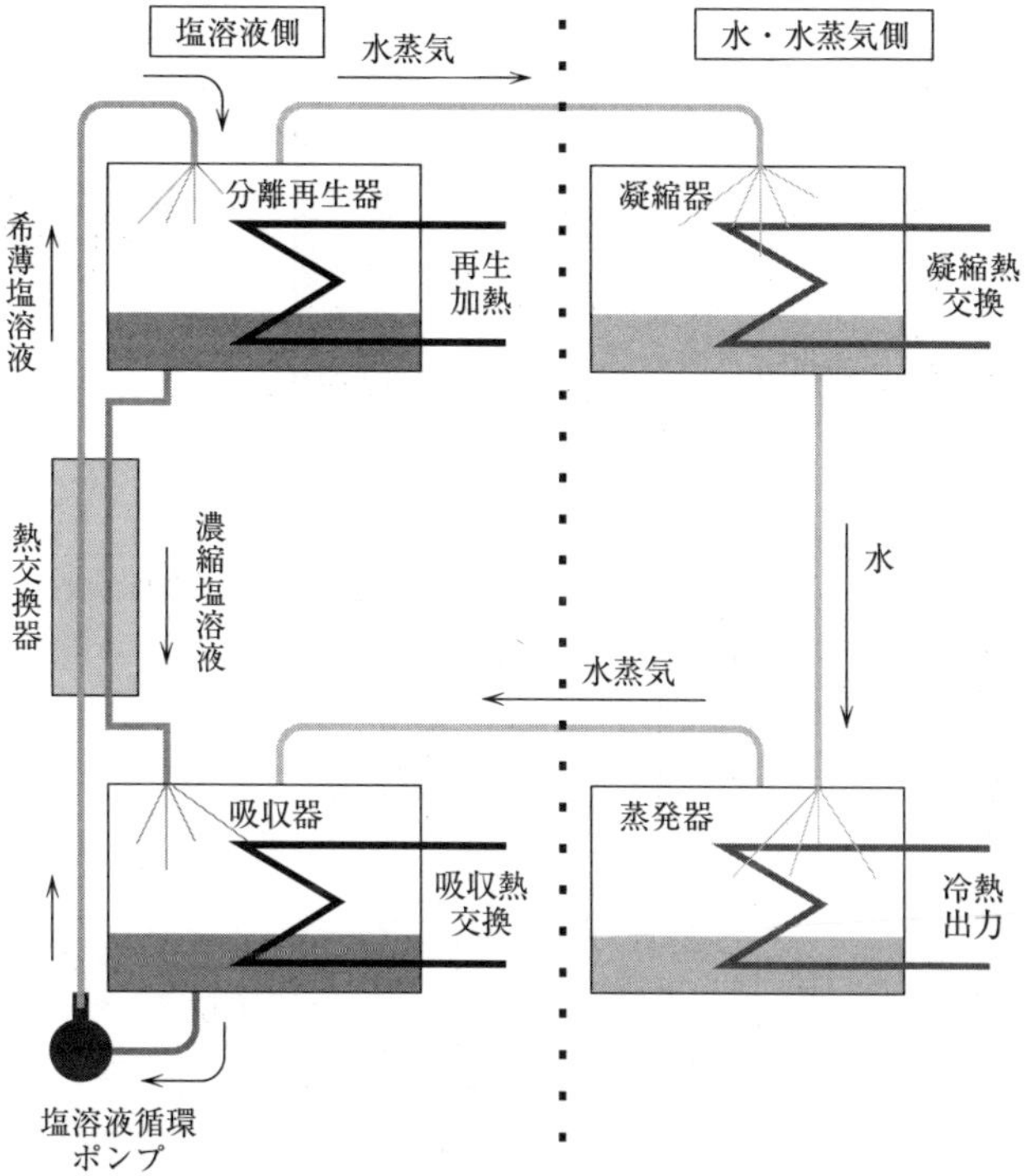

図 22・1　吸収式冷凍機の概念図

により予熱されます。分離再生器では、加熱濃縮により濃い塩溶液を再生します。加熱濃縮に必要な熱は、ガスの燃焼などの熱源から供給します。濃縮された塩溶液は再び吸収器に送られますが、この途中、熱交換器で吸収器から分離・再生器に送られる薄まった塩溶液に熱を与え、自らは冷やされることになります。一方、分離・再生器で蒸発・分離した水蒸気の方は、凝縮器に移動して冷やされ水になり、蒸発器に送られます。

結局「水蒸気と水の循環」と「塩溶液の循環」の二つが鎖の環のように一部重なって組合わさって、蒸発器の中で水が蒸発することにより冷却する仕組みが出来上がります。塩溶液の循環には、循環ポンプが必要ですので、電力を少し使わなければなりません。しかし、分離・再生に必要な主要な熱源には電力は要らず低い温度でもよいことや、水蒸気や塩溶液の循環により、連続運転できるといった利点があります。

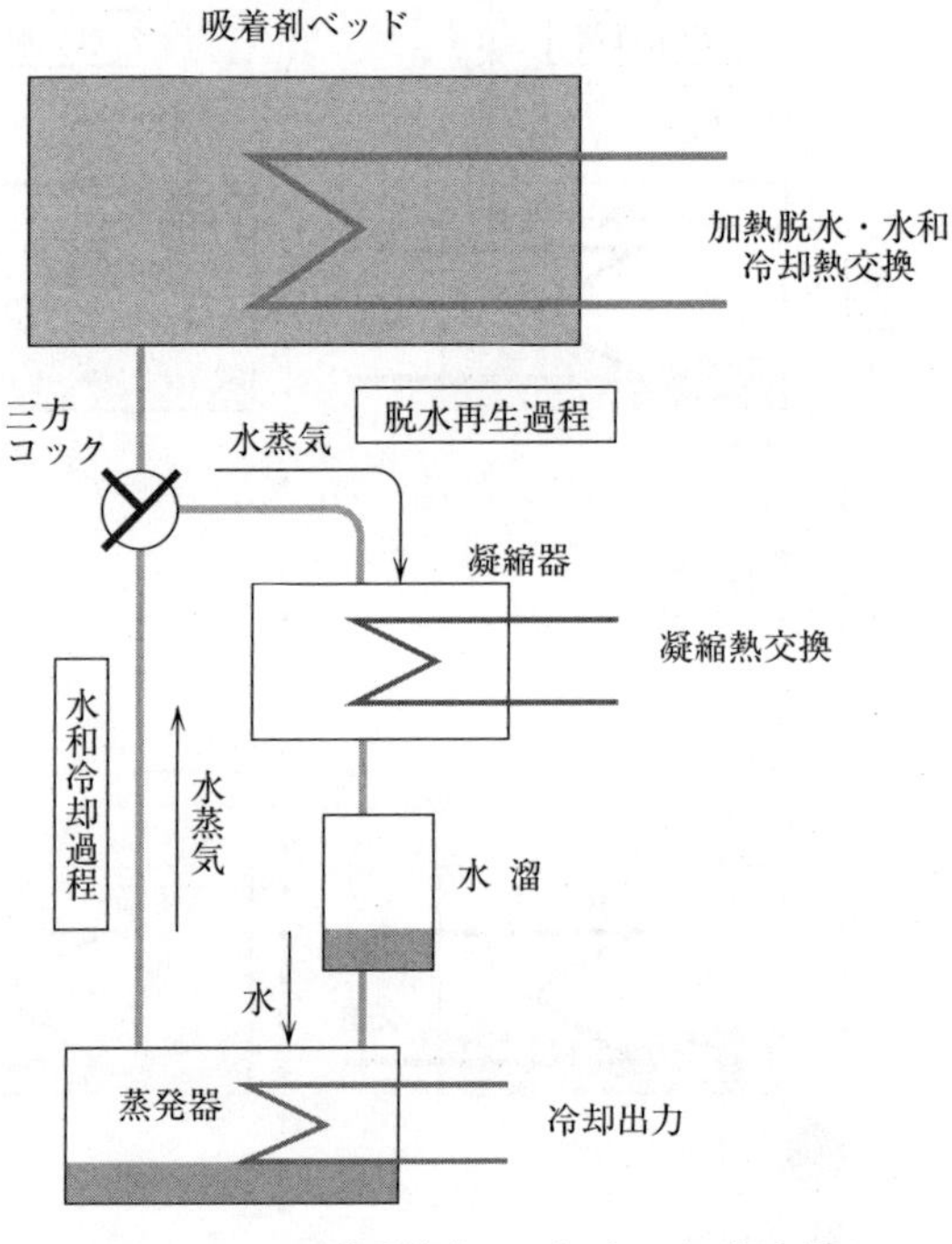

図 22・2　固体吸着式ヒートポンプの概念図

もう一つ、少し異なる固体吸着式ヒートポンプ（図22・2）について説明しましょう。この方法では、ゼオライト（解説参照）などの固体状態の吸着剤を利用します。この装置では、三方コックが重要な役割を果たします。まず、三方コックを回して、脱水再生過程にし、吸着剤ベッドの中の水分子を取込んだ（水和した）固体状吸着剤をガスの燃焼などの熱源により加熱し、脱水させます。生成した水蒸気は、凝縮器に移動し冷却され、凝縮して水に変化します。三方コックを閉じ、吸着ベッドを冷やすと、固体状吸着剤は乾燥状態に保たれます。三方コックを回して、吸着剤ベッドと蒸発器を接続すると、蒸発器中では水の蒸発が起こり蒸発熱により冷却されます。蒸発器で生成した水蒸気は、水蒸気圧の低い吸着剤ベッドに移動し、固体状吸着剤に吸収されます。固体状吸着剤が水蒸気を吸収できる間、蒸発器では水の蒸発が続き冷却効果を持続することができます。固体状吸着剤が水蒸気を吸収できなくなると、また最初の操作に戻り、熱源を用いて固体状吸着剤を乾燥状態に再生します。一方、凝縮器で生成した水は蒸発器に移動させ蒸発器の水を補給します。この装置では、コックを閉じて固体状吸着剤を乾燥状態に保持している間、熱エネルギーを蓄えていること（蓄熱）になります。この蓄熱には、断熱材が要らないという利点があります。これらの動作は、たった一つの三方コックで切り替えられ、ポンプも不要で、装置の仕組みは簡単です。

わたしたちは、現在、エアコン、冷蔵庫、ビルの冷暖房、工業的な冷却等々に、ほとんど電力を用いています。現在の最高の技術でも、電力生産の発電効率は約四十％で、発電機を動かすために、水蒸気を六百℃以上に加熱しなければなりません。吸収式や吸着式ヒートポンプを動かすのは、せいぜい二百℃以下の温度でよいので、工場等の排熱や、火力の弱いバイオマス廃棄物などの燃焼でも冷却ができます。このような低温の熱源で冷却する方法はほかにないので、エネルギーの有効利用のために今盛んに研究開発が行われています。また、六十℃から百℃程度の低い温度を利用できればさらに利用価値が上がります。たとえば近年は、発電のため燃料電池（Q12参照）が注目されています。これは、せんじ詰めると水素と酸素の化学反応の利用ですから、大量の反応熱が発生します。この熱を温水として、そのまま使ってもよいのですが、燃料電池が普及すると、熱が余ってしまいます。そこで、この排熱を直接冷却に使えば、つくった電気を冷却に使う必要がなくなりますから、全体としてのエネルギーの利用効率が上がります。この点でも、吸収式や固体吸着式ヒートポンプの冷却方式は注目されています。

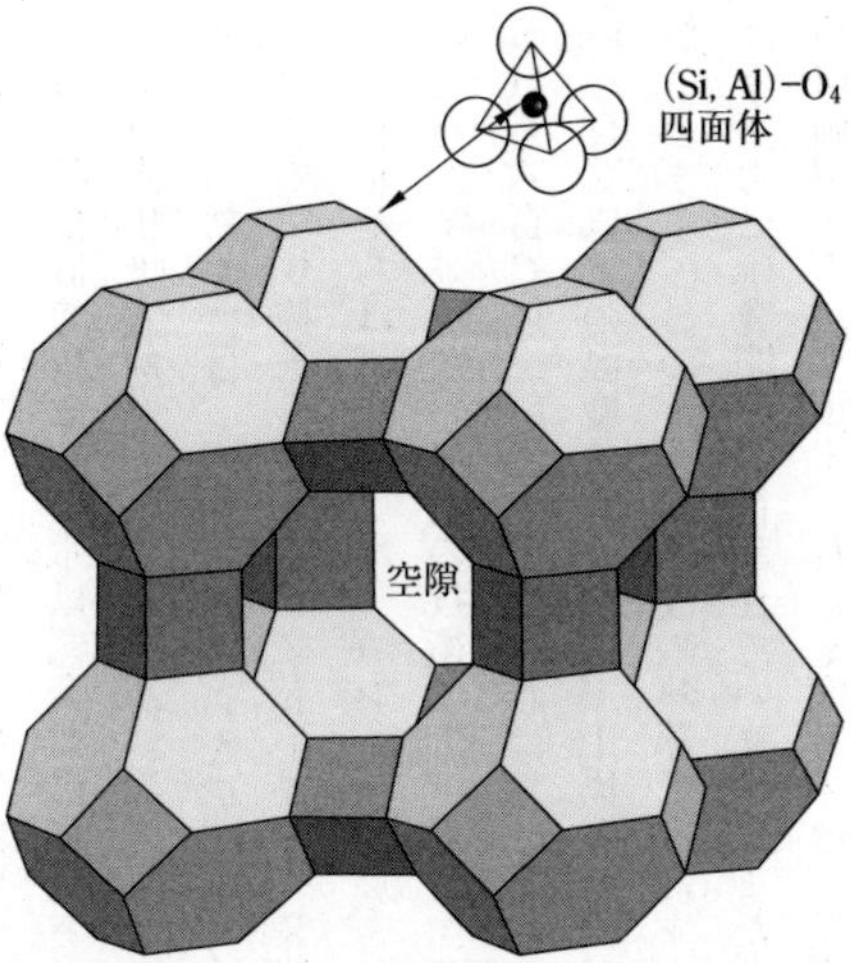

図 22・3　(Si, Al)−O_4 四面体（上）と合成 Na–A 型ゼオライト（略称 LTA）の骨格構造．骨格構造は，酸素を無視して，Si と Al を結んだ線分で描いてある．中心に空隙（穴）があり，12 個の Na^+ と約 27 個の水分子が入っている．化学構造式：$Na_{12}(H_2O)_{27}|[Al_{12}Si_{12}O_{48}]$

解説　ゼオライト

「ゼオライト」とは、普通ケイ素とアルミニウムの酸化物がつくる立体的な網目状の骨格構造をもつ一群の結晶性物質のグループ名です。ゼオライトの構造の例として、Na-A型ゼオライトについて、図22・3に示します。その骨格は、負に帯電し、ミクロな穴が存在します。その中に、負電荷を中和するアルカリイオンなどの陽イオンおよびすき間を充てんする水分子が入っています。その水分子はゼオライト水とよばれ、含水量の多いゼオライトでは、重量比で三十％も水を含みます。加熱すると構造を破壊することなく水が出て行き（脱水）、そのまま冷却すると、乾燥剤となって、周囲の水分子を吸収（水和）し、元の含水状態に戻ります。脱水のときは熱を必要とし（吸熱）、逆に水和するときは発熱します。ヒートポンプでは、この性質を利用します。

ゼオライトは、基本骨格構造の違いで約三十種類があります。天然には、古い火山灰が変化した岩石中などにも存在し、また人工合成ゼオライトも多数つくられています。ミクロな穴の中の化学反応を利用する反応触媒、穴の大きさを利用して分子を分離する分子ふるい、また、いろいろな物質の吸着剤・乾燥剤、プラスチックの充てん材などとして広く用いられています。ケイ素やアルミニウムの代わりにリンやチタンを含むものも合成されています。

第六章　光・電磁波とエネルギー

——光・電磁波はどのように利用されているのだろう

Q23
遠赤外加熱で調理した料理はなぜおいしいか？

〈A〉

加熱調理には、煮る、蒸す、焼く、あぶるなどいろいろな方法がありますが、同じ食材でも調理法によって食味、風香味が変わってきます。その理由はいろいろありますが、調理法が違うと、食材の水分量とその分布の様子が違い、熱の加わり方が違うということが大きく効いているのは間違いありません。

このうち、「焼く」には、以下のようにいろいろな方法があります。

① 鉄板焼きやフライパンのように、ガス炎などで高温に熱した熱板の上に食材を置くやり方
② 燃焼ガスや熱風を食材に直接当てるやり方
③ 串に刺したり、グリル（火格子）や焼き網に載せた食材を、炭火などの高温の熱源の上に、適当な間隔を隔てて置く、直火《じかび》焼きなどというやり方。「あぶる」というのも、これに入ります。

熱の伝わり方からすると、①は伝導加熱、②は熱風による対流加熱で、どちらの場合も食材は、熱源である熱板あるいは熱風と接触することにより熱を受け取ります。これに対し③の場合、食材は熱源とは非接触です。

③の焼き方で用いるような高温の熱源からは、周囲の空間に主として遠赤外線が放射されますが、これが食材に当たってそこで吸収されると、熱エネルギーに変わります。こうして、熱源に触れていない物体にも熱が伝わりますが、これを放射加熱といいます。③の熱の伝わり方はこれです。

遠赤外加熱はこの放射加熱の仲間ですが、熱源として特に遠赤外ヒーターを用いている場合を指します。食材は一般に非常によい遠赤外線吸収材料ですので、遠赤外ヒーターを用いることにより普通の焼きの調理より一層効果的になるのです。

③の焼く、あぶるなどにおいては、熱源の温度は一般にかなり高く、何百度といったレベルになっています。この高温を利用して食材表面に焼き色を付け、あるいは香ばしさを出し、一方内部は極力短い時間で所定の温度に到達させ、ほどほどの柔らかさ、ジューシーさを保った状態に仕上げているのです。

遠赤外加熱を調理の分野で利用する場合は、このような焼く、あぶるといったことが対象となりますが、その最大の特徴は、熱源であるヒーターが食材と非接触であるため、ヒーター温度を熱板や熱風の温度よりもかなり高く、何百度にも設定できることです。食材の表面は、接触加熱の場合のようにいきなり高温に触れることがありませんので、徐々に温度が上がっていきますが、その間に高温に設定したヒーターからは高パワーの熱の投入が可能になります。遠赤外加熱は他のどの加熱法よりも、マイルドでパワフルな加熱ができるのです。

熱板や熱風のような接触加熱では、食材内部への熱流は熱源の温度と食材表面の温度との差に比例します。加熱が進むと食材の表面温度が高くなりますので、それに伴い内部への熱流はどんどん小さくなっていきます。一方、食材の表面は加熱開始直後からすぐに熱板や熱風の温度に近づこうと急上昇しますから、熱流の減少がかなり早い時期から起こります。熱風温度が高く設定されている場合など、表面が焦げ気味なのに中が生焼けのまま、ということがしばしば見られるのは、このためなのです。

これに対し、遠赤外加熱の場合、食材の表面から内部への熱の流れは、ほぼヒーターの表面温度で決まり、加熱が進み食材の表面温度が多少上がっても、熱流の減少があまりないのです。言い換えると、ヒーターに加えたパワー(電力)のうち食材に吸収される分は、加熱の初めから終わりまでその大きさをあまり変えることなく、ずっと吸収され続けるのです。

加熱の早い段階から熱流がどんどん減る接触加熱に対し、加熱中ほぼ一定レベルの熱流が期待できる遠赤外加熱は、当然内部に多くのエネルギーを伝えられ、内部の温度を接触加熱より早く上げることができます。この間表面温度の方は、非接触のために緩やかな上昇で済むのです。その結果表面と内部との温度差は、接触加熱に比べかなり少なくなり、より均一な加熱ができます。

さらに遠赤外加熱では、ヒーター温度を、つまり放射パワー(火力に相当します)を加熱の進行に合わせて適切な値に制御することも可能です。これは食材にとって好ましい、おいしくなるような加熱パターンの調理がねらえることを意味します。

薄い肉を焼くには、フライパンでもうまくできます。しかし中華のいため物では高温、短時間の仕上げが要求されるため、中華鍋をしきりにあおります。これは高温の鍋肌での接触加熱による焦げを防ぎ、均一に炒めるため必要な操作で、これの上手下手で味は変わります。

一方大きな塊の肉をうまく焼くとなると、接触加熱ではたいへん難しいのです。そこで天火（オーブン）を使います。天火加熱における主役は、実は放射加熱で、遠赤外加熱の要素を十分含んでいます。ガス式天火の場合には、ガスで熱せられた内壁の熱板がヒーターの役を果たします。その温度を適切に設定することにより、表面に適度な焦げ目を付け、かつそれ以上に熱し過ぎることなく、比較的短時間に深部がピンクに焼けるのに必要な大きさの熱流を、放射伝熱により供給することができるのです。

以前は魚を炭火などで焼くとき、「強めの遠火」というのが鉄則でした。やはり魚をうまく焼くには、適当に強い火力を使い、しかもこれを均一に当てる必要がある、ということでしょうが、これはまさに（遠赤外）放射加熱の効果を発揮させるやり方なのです。炭火で焼くときは、火力の状態には常に気を配り、なおかつ焼け具合を見ながら、いろいろ調節する手間がかかりますが、遠赤外加熱では安定したエネルギーの照射ができ、焼き具合も一定になります。

現在では、家庭のガスレンジに付いている魚焼きグリルが使われます。ここでは、ガス炎はおもに天板部に設けてある熱板を熱し、これを高温に維持するためのエネルギーとして使われています。この部分が均熱放射板になって、実は魚は遠赤外放射で焼いているのです。

このように焼くための調理器具には、接触加熱の欠点を補うように、放射、あるいは遠赤外加熱の機構を取込むように工夫されたものがいろいろとあります。遠赤外加熱は、遠赤外ヒーターを用い、遠赤外加熱の比率を最大限に高めた加熱方法ですから、おいしい料理をつくるのに適しているのです。

Q24

電子レンジで食品が加熱できるのはなぜ？

〈A〉

電子レンジを用いた食品の加熱は、家庭での料理から大規模な工場での食品製造にいたるまでのさまざまな場面で行われています。電子レンジを用いると食品が短時間で均一に温められることは、皆さんが日常的に経験していることだと思います。

電子レンジ中での食品の加熱は、マイクロ波（解説参照）とよばれる電磁波と食品中の水分との相互作用による発熱現象を利用したものです。水分子は、図24・1のような折れ曲がった構造のために、わずかに電気的な偏り（極性）をもっています。このため、双極子とよばれる電気的な偏りをもった棒のモデルにより表すことができます。液体の水では水分子の正に帯電した部分と近接した水分子の負に帯電した部分で弱く結合（水素結合）し、全体として水分子の三次元的なネットワーク構造を形成しています。電子レ

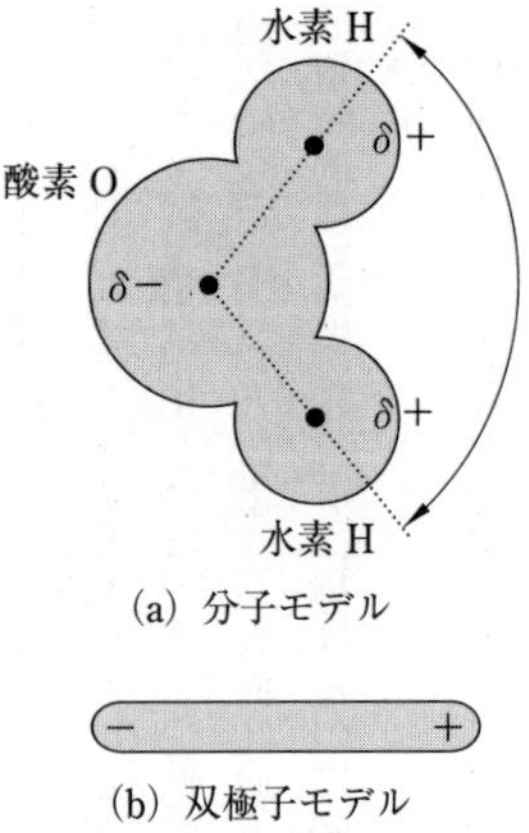

図 24・1　水分子のモデル

ンジでは、マグネトロンとよばれる発信器から二・四五ギガヘルツ（二四・五億ヘルツ）の振動数（周波数）をもつマイクロ波が発信されます。発信されたマイクロ波は、金属製のファンによるかくはんやレンジ内壁の金属板での反射により、電子レンジ内のあらゆる方向に広がっていきます。

電子レンジに入れた食品に照射されたマイクロ波は、食品中を透過していき、食品中の水に作用します。マイクロ波による電場の変位が大きくなると、水分子間の水素結合は切断され、水分子の三次元的なネットワーク構造が乱されます。電界の方向に水分子の双極子が配列しようとするのです（配向）。このとき、マイクロ波のもつエネルギーの一部は水分子の集合体に吸収され（誘電損失）、水分子の集合体はエネルギー的に不安定な状態となります（図24・2）。電場の変位が小さく

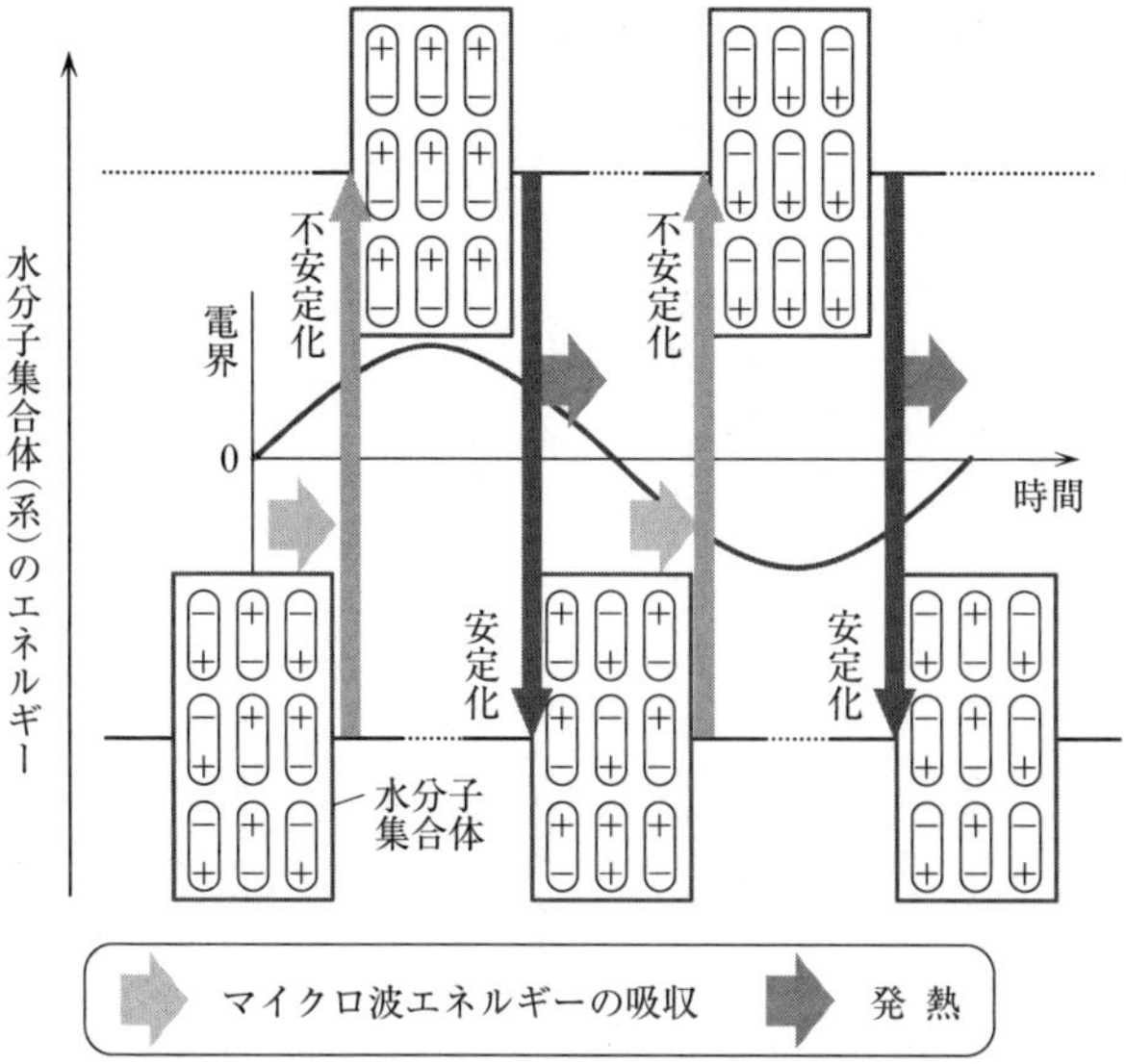

図 24・2　電界変化に伴う水分子の集合状態の変化とエネルギーのやり取りのモデル

なると再び三次元的な水分子のネットワーク構造が形成されます。このとき、水分子の集合体はエネルギー的に安定な状態に変化することになります。これに伴い、水分子の集合体からエネルギーが熱として放出されるのです。周波数二・四五ギガヘルツのマイクロ波を利用している家庭用の電子レンジでは、このような水分子の集合状態の変化とそれに伴うエネルギーのやり取りが一秒間に四十九億回も繰返され、内部からの発熱により迅速にまた均一に食品が加熱されるのです。

それでは、電子レンジ中で氷にマイクロ波を照射するとどうなるでしょうか。氷は徐々にとけていきますが、液体の水の場合のような急激な発熱は観測されません。これは、固体状態ではマイクロ波による電界の変化に伴い水分子の集合状態がネットワーク構造—配向構造間の連続変化を起こすことができないからです。電子レンジ中の氷は、マイクロ波照射により雰囲気(まわりの空気)の温度が上昇すると、雰囲気からの熱の伝導により表面が融解します。氷表面の液体の水はマイクロ波のエネルギーを吸収して発熱し、内部の氷に熱を与えます。このようにして、氷が徐々にとけていくのです。

水以外の液体でも、極性分子からなる液体では同様なマイクロ波による加熱現象が観測されます。マイクロ波により極性分子の液体が加熱される性質は、液体を構成する分子の極性や温度によって変化します。極性の大きな分子からなる液体は一般に誘電損失が大きく、マイクロ波により大きい加熱効果を示します。また、それぞれの液体の沸点より高い温度まで加熱されるスーパーヒーティングという現象も観測されます。一方、ベンゼンなどの無極性分子からなる液体では、マイクロ波による加熱効果はほとんど観測されません。

極性分子からなる液体が最も効果的にマイクロ波のエネルギーを吸収することのできるマイクロ波

の周波数もそれぞれの極性分子の性質に依存して変化します。たとえば、室温における純粋な水では、家庭用の電子レンジに用いられているマイクロ波の周波数より大きい約二〇ギガヘルツのマイクロ波に対して最も大きい誘電損失が観測されます。もし、二〇ギガヘルツのマイクロ波を食品に照射したとすると、マイクロ波のエネルギーの大部分が食品の表面付近の水に吸収されることになり、食品内部までマイクロ波が到達しないことになります。家庭用の電子レンジに用いられている二・四五ギガヘルツのマイクロ波では、そのエネルギーが食品中の水に適度に吸収され、また減衰してしまうことなく食品内部まで到達することにより、均一な加熱を可能にしているのです。

食品を電子レンジで加熱したとき、その容器であるコップや茶わんが手に持てないくらいに温まってしまった経験はありませんか。液体に限らず固体でもマイクロ波により加熱される性質をもつものがあります。たとえば、電子レンジ中で活性炭にマイクロ波を照射すると数分間で千℃以上の温度まで急激に加熱されることが知られています。この性質を利用して、酸化鉄の粉末と活性炭の混合物をふたつきの磁製るつぼに入れ電子レンジで加熱すると、約十分で酸化鉄が金属鉄に還元されます。磁鉄鉱と木炭を使って金属鉄を取出す古代のたたら製鉄と同様な反応が電子レンジ中で迅速に進行するのです。化学カイロの廃棄物は、鉄の酸化物と活性炭の混合物ですので、電子レンジを用いて同様な方法で化学カイロを再生することも可能です。ただし、活性炭の急激な発熱によりるつぼ内の混合物が噴出したり、るつぼが破裂したりすることがありますので、家庭での不用意な実験は厳禁です。電子レンジ中でのマイクロ波照射による固体の発熱機構については、いくつかのモデルが提案されていますが、その詳細については現在も議論が続けられています。

解説　マイクロ波

わたしたちの目に見える光は、波長が〇・三八―〇・七八マイクロメートル（一マイクロメートルは〇・〇〇一ミリメートル）程度の可視光線とよばれる電磁波です。これに対してマイクロ波は、これよりずっと長い一ミリメートルから一メートルの波長をもつ電磁波です。電磁波のもつエネルギーは波長の逆数に比例することから、マイクロ波のエネルギーは可視光線のエネルギーに比べてずっと小さいことがわかります。家庭用の電子レンジには、振動数（周波数）が二・四五ギガヘルツ、波長が一二・二センチメートルのマイクロ波が用いられています。電子レンジのマイクロ波を人体に受けると、食品と同様に人体が加熱されることになり危険です。このために、電子レンジでは加熱操作中に扉を開けるとマイクロ波の発信が停止するような安全装置が組込まれています。

Q25

花火の鮮やかな色はどうしてでるのか？

夏の夜空に大きく広がる打ち上げ花火や手にもった玩具花火の鮮やかな色に心を奪われた思い出はありませんか。日本における花火の歴史は、鉄砲伝来に伴う火薬製造に端を発し、江戸時代にさかのぼると伝えられています。

〈A〉

花火の鮮やかな色や光は、火薬の燃焼により高温に加熱された気体状の金属原子内の電子が安定な状態（基底状態）での電子の配置と比べて高いエネルギーをもつ不安定な電子配置（励起状態）をとることによります（図25・1）。励起状態にある電子が基底状態に戻るとき、金属原子の種類により特有の色の光を生じます。つまり、熱エネルギーが原子中の電子の励起に使われ、電子が基底状態の電子配置に戻るときに肉眼で見える領域の波長を持つ電磁波（可視光）を出すのです。したがってこの発光は熱エネルギーから電磁波のエネルギーへのエネルギー変換の一つの例として考えることができます。

実験室で、白金線の先につけた種々の金属塩水溶液をガスバーナーの炎に入れ、水溶液中の金属イオンの種類により特有の炎色を観察したことはありますか。花火の色は、この炎色反応と同じ原理で

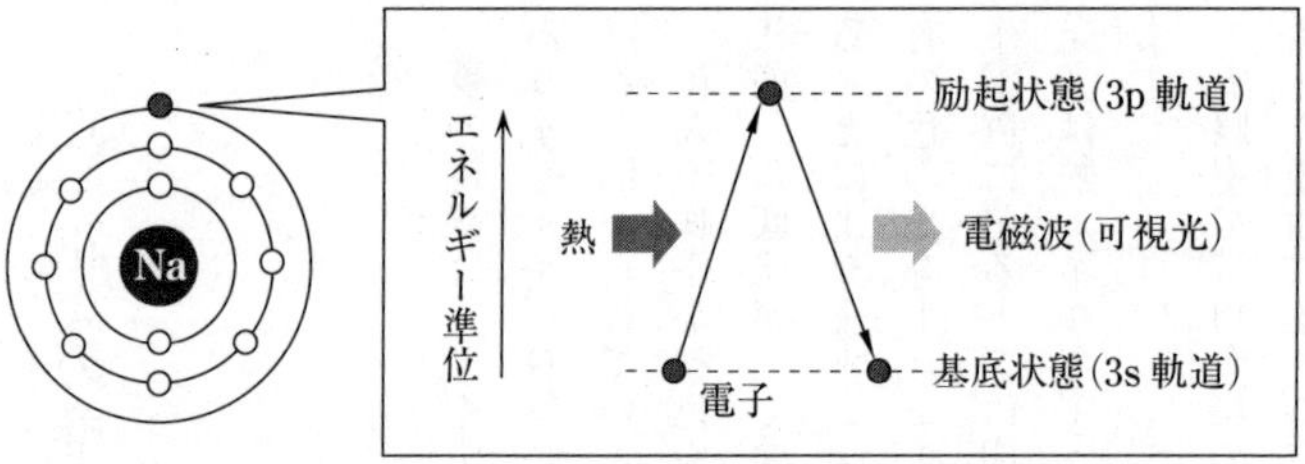

図 25・1　ナトリウム原子における炎色反応

生み出されるのです。

花火に用いられている火薬には、いくつかの種類があります。古くから打ち上げ花火に用いられている黒色火薬は、硝酸カリウム、炭素、硫黄の三成分を適量ずつ混合した混合火薬です。このうち、硝酸カリウムは酸化性固体で、加熱すると分解して酸素を発生します（一三一ページの「酸化性固体の熱分解と可燃物との反応」参照）。可燃剤である炭素や硫黄は、硝酸カリウムの熱分解により生じた酸素を使って燃焼します。酸化剤として硝酸カリウムを使った黒色火薬の燃焼により生じる炎は、約千七百℃の温度に達するといわれています。より強い酸化剤である塩素酸カリウムや過塩素酸カリウムなどを用いると、炎の温度はさらに高くなり二千℃以上にも到達します。過塩素酸カリウムは、打ち上げ花火の効果音を演出する音薬（雷薬）にも用いられています。この場合、アルミニウム粉などが助燃剤として混合されており、音薬の急激な燃焼反応によるせん光や爆音を夜空にとどろかせるのです。

さて、これまで述べてきた火薬の燃焼が、実験室での炎色反応におけるガスバーナーの役割をしていることはわかりましたね。それでは、炎色反応に用いる金属塩水溶液に代わる炎色剤としてはどのよう

表 25・1　おもな炎色剤と炎色

炎色剤	炎色	炎色反応により生じる電磁波の波長(nm)
炭酸ストロンチウム $SrCO_3$ 硝酸ストロンチウム $Sr(NO_3)_2$ 硫酸ストロンチウム $SrSO_4$ シュウ酸ストロンチウム SrC_2O_4	赤	460.7, 597.0, 640.8, 650.2
炭酸カルシウム $CaCO_3$ 硫酸カルシウム $CaSO_4$	橙	422.7, 554.0, 617.0, 649.2
シュウ酸ナトリウム $Na_2C_2O_4$	黄	589.00, 589.59
炭酸バリウム $BaCO_3$ 硝酸バリウム $Ba(NO_3)_2$ シュウ酸バリウム BaC_2O_4	緑	411.2, 514.0, 524.0, 535.0, 553.4
銅 Cu 酸化銅(Ⅱ) CuO 塩基性炭酸銅(Ⅱ) $CuCO_3 \cdot Cu(OH)_2$	青	531.0, 539.0, 551.0

なものが用いられているのでしょうか。

花火の場合は、金属塩の固体粉末が用いられます。炎色反応の色から推測できるように、赤色の花火にはストロンチウム化合物、橙色にはカルシウム化合物、黄色にはナトリウム化合物、緑色にはバリウム化合物、青色には銅化合物などが用いられています。

表25・1に、それぞれの色の炎色剤として用いられる化合物の例とそれぞれの塩に含まれる金属原子の炎色反応により生じる電磁波の波長を示します。

酸化剤と助燃剤による燃焼により生じた高温の炎により、固体粉末の金属化合物中の金属イオンは気体の金属原子となります。気体となった金属原子内では、さらに電子が励起され炎色反応を生じるのです。それぞれの金属塩を金属原子の気体とするために必要なエネルギーは、それぞれの化合物により異なります。表25・1に示したストロンチウム、カルシウム、バリウム、および銅の化合物は、ナトリウム化合物より大きなエネルギーを必要とします。このため、過塩素酸カリウムを酸化剤として用い、さらにマグネシウム粉末などを助燃剤として配合し、より高温の状態をつくるような工夫がされています。

日本古来の花火には、硝酸カリウムを酸化剤として用いた黒色火薬が使われていたそうです。このことから、江戸時代の花火はわたしたちが知っている鮮やかな色とは少し違っていたと考えられます。

励起状態の電子配置はエネルギー的に非常に不安定な状態であるため、励起された電子はすぐに基底状態の電子配置に戻ろうとします。このとき原子が発する電磁波の波長は、励起状態と基底状態の電子配置のエネルギー差により決まります。エネルギー差と電磁波の波長は反比例の関係にあり、エネルギー差が大きいほど短い波長の電磁波を発することになります。

表25・1には、それぞれの原子が発する可視光の波長を示していますが、それぞれの原子において特定の波長をもつ複数の可視光が観測されます。これは、それぞれの原子にエネルギー準位の異なる励起状態が複数存在することを示しています。また、特定の波長をもつ可視光が観測されることは、原子内で電子が存在することのできる電子の軌道は、ある特定のエネルギー差をもっていることを示しています。

夜空の美しい花火に魅せられるのは、原子レベルでの自然の不思議が隠されているからかもしれません。

酸化性固体の熱分解と可燃物との反応

固体化合物には，加熱すると別の固体や気体の化合物に分解してしまうものがあります．炭酸水素ナトリウム $NaHCO_3$ を加熱すると，約 100℃ くらいから水 H_2O と二酸化炭素 CO_2 が同時に発生し始め，しだいに炭酸ナトリウム $NaCO_3$ に変化していく反応は，熱分解反応の典型的な例です．

花火の火薬に用いられる硝酸カリウム KNO_3，塩素酸カリウム $KClO_3$，過塩素酸カリウム $KClO_4$ などは，加熱により融解したあと熱分解し，このとき気体生成物として酸素 O_2 を生成します．酸化性固体の融点と熱分解の反応式を表 25･2 に示します．酸素原子に着目すると，反応物である酸化性固体中の酸素原子の酸化数は－2 ですが，生成物の酸素分子中では 0 となります．熱分解に伴い，酸化還元反応が同時に進行していることがわかります．

表 25・2　おもな酸化性固体の融点と熱分解反応

酸化性固体		融点(℃)	熱分解反応
硝酸カリウム	KNO_3	334	$4KNO_3 \rightarrow 2K_2O+4NO+3O_2$
塩素酸カリウム	$KClO_3$	368	$2KClO_3 \rightarrow 2KCl+3O_2$
過塩素酸カリウム	$KClO_4$	610	$2KClO_4 \rightarrow 2KCl+4O_2$

一方，これらの酸化性固体と炭素，硫黄，リン，金属粉末などの可燃物を混合して紙に包み，金づちでこの紙に包んだ試薬を打つと大きな爆音をたてて爆発します．（家庭での実験は厳禁です．）たとえば，過塩素酸カリウムとマグネシウム粉末の混合物に熱や衝撃を加えたときの反応は，つぎの式で表すことができます．

$$KClO_4 + 4Mg \longrightarrow KCl + 4MgO$$

花火のせん光や爆音の効果は，アルミニウムやマグネシウムのような金属粉末を火薬に混合することで演出されているのです．

第七章　地球の環境・気象とエネルギー

――太陽エネルギーがもたらすものとは

Q26

山頂はなぜ涼しいか？

〈A〉

実際、高度が百メートル上がるごとに約〇・六℃ずつ気温が下がります。ここではその理由を考えることにします。山の斜面を風が吹き上がってゆくとしましょう。もともと日射は地面を温めるので、地面近くの空気は上空に比べて温かいですが、太陽は平地も山も均等に温めますから、空気がじっとしているかぎり気温は土地の高度によらないはずです。そこで空気の移動による温度変化を取上げます。

まず、大きいゴム風船を想像してください。ゴムは薄くて、内外の圧力差は無視できるものとします。風で吹き上げられていくにつれて、風船は膨らみます。なぜなら上昇するにつれて大気圧が下がるからです。風船が膨らむということは、風船の中の空気が外に向かって仕事をするということです。「仕事をする」とは物理学独特のいい方で、重いものを持ち上げたり、ボールを投げたりと、力を使って力の方向にものを動かすことです。山腹を吹き上げられる風船は後ろからくる風によって押し上げられるのですが、同時に前方にある空気を押し上げます。後ろからは仕事をされ、前に向かっては仕事をします。でも差し引きすると、される仕事よりする仕事のほうが、体積膨張による分だけ大きいのです。風船は、上昇するにつれて自分の熱エネルギーを使って外に仕事をします。その結果として風船の中の空気の温度が下がることになります。理科の授業で学ぶ断熱膨張ですね。

これが「山頂はなぜ涼しいか」に対する答えです。空気の塊は自分から「仕事をする」つもりはないのですが、後ろから押されるままに上昇し、その際、自前の熱エネルギーを消費してまで余分に「仕事をする」はめになってしまいます。ゴム風船で囲まれた空気を考えたので、ゴム膜のすぐ内側の空気が外に向かって仕事をしたと考えたくなるかもしれませんが、ゴム風船の中の空気はどこでも同じように膨張し、場所によって圧力や温度が違うことはありません。つまり風船が膨張するとき中の空気はいっせいに仕事をします。ですから、風船はあってもなくても同じです。空気の塊が山腹を吹き上がるとき温度が下がるというのは以上のような現象です。

以上の論理を式で表現することができます。一三六ページ「変化率の計算」に式の導出を書きましたので、ちょっと手間ですが、式をたどっていただくと理科の面白さが実感できると思います。知りたいのは高度zが少しだけ上がったとき温度Tがどれだけ変化するかという変化率です。

変化率の計算結果は実際に知られている平均的な値（百メートルあたりマイナス〇・六℃）より大きいですが、その差は水分の凝縮熱によると考えられています。つまり、空気が上昇して温度が下がり、露点以下になると空気に含まれていた水分が水滴になります。しかしQ27で述べるように、そのとき凝縮熱が放出されるので、空気の温度は次ページの計算値ほどには下がらないことになります。水蒸気の凝縮熱を使って計算すると、条件にもよりますが、温度変化は次ページの計算のおよそ半分程度の値になります。これらの結果から、「山頂はなぜ涼しいか」の答えが得られたといえるでしょう。

変化率の計算

高度 z が少しだけ上がったとき温度 T がどれだけ変化するかという変化率を求めます．変数 T と z にデルタ Δ を付けて，それぞれの変化分を表すと，わたしたちのほしい式は次式のようになります．

$$\frac{\Delta T}{\Delta z} = -\frac{Mg}{C_{pm}}$$

ここで M は空気の平均分子量（0.029 kg/mol），C_{pm} は空気1モルあたりの定圧熱容量で，これは $C_{vm}+R$ に等しく，$3.5R$ と置くことができます．この式に重力加速度 g，空気の平均分子量 M，気体定数 R などの数値を代入すると -0.00976 ℃/m という値が得られます．つまり1mで約0.01℃，100m上がると約1℃だけ温度が下がるという結果です．山頂はなぜ涼しいかという問いに対して，理想気体の断熱膨張という考え方に基づいてこのように明確な数値として温度変化が得られました．詳しくは次ページの「変化率の計算式の導出」も参照して下さい．

具体的にイメージしやすいように山の斜面に沿う気流を考えましたが、対流による上昇気流でも上に述べたのと同じ冷却過程が起こります。巨大な積乱雲の中央では激しい上昇気流があって夕立やひょうの原因となっています。

以上の説明は、二百年も前に考えられました。南米の太平洋側（ペルーやエクアドル）では海岸のすぐ近くにアンデスの高山が迫っていて、低地では灼熱の砂漠、山頂では常に凍結しています。このように急峻な温度勾配は、風の動きに伴う可逆的温度変化でなければ説明できないことに思い至ったのが理解の発端といわれています。一七八八年にイラズマス・ダーウィン（進化論のチャールズ・ダーウィンのおじいさん）が発表した考えです。

変化率の計算式の導出

エントロピーという量を使うと高さと気温の関係が簡潔に導かれます．まず，一定量（たとえば1モル）の気体を考え，そのエントロピーを S とし，エントロピーの微小変化を $\mathrm{d}S$ とします．また気体の絶対温度を T，圧力を p，定圧熱容量を C_p とします．温度と圧力が少しだけ（$\mathrm{d}T$ と $\mathrm{d}p$ だけ）変化するとき，エントロピー変化分は次式のように書くことができます．

$$\mathrm{d}S = \left(\frac{\partial S}{\partial T}\right)_p \mathrm{d}T + \left(\frac{\partial S}{\partial p}\right)_T \mathrm{d}p \tag{1}$$

$$= \frac{1}{T} C_p \mathrm{d}T - \left(\frac{\partial V}{\partial T}\right)_p \mathrm{d}p \tag{2}$$

これらの式の第1項は温度変化に由来するエントロピー変化，第2項は温度一定のもとで圧力を変化させるときに流出入する熱によるエントロピー変化です．2番目の式は偏微分式の変形によってはじめの式から得られます．空気が移動するときそのエントロピーが変わらないという条件は $\mathrm{d}S=0$ と表されるので，上記第2の式をゼロと等置して，次式が導かれます．

$$\left(\frac{\partial T}{\partial p}\right)_S = \frac{T}{C_p}\left(\frac{\partial V}{\partial T}\right)_p = \frac{V}{C_p} \tag{3}$$

ここで理想気体の状態方程式（p. 142 参照）も使いました．

つぎに，高さと圧力の関係は力の釣り合いで決まります．

$$\frac{\mathrm{d}p}{\mathrm{d}z} = -\frac{Mg}{V} \tag{4}$$

この式の左辺は高さ z の変化に対する圧力 p の変化率です．右辺はそれを空気の質量 M と体積と重力加速度 g によって表しています．(3)式と(4)式を掛け合わせると，目的とする式が得られます．

$$\frac{\Delta T}{\Delta z} = \left(\frac{\partial T}{\partial p}\right)_S \frac{\mathrm{d}p}{\mathrm{d}z} = -\frac{Mg}{C_p} \quad \text{（エントロピー一定）} \tag{5}$$

気体の量を1モルとすれば，この式は136ページの式と同じです．

Q27

フェーン現象はどうして起こる？

〈A〉

夏に気温が異常に高くなることがあります。その一つにフェーン現象があって、天気予報などにもときどき現れます。この項ではその理由を考えましょう。Q26で述べた論理と計算はきわめて一般的に出来上がっていますので、いろんな状況に当てはめることができます。そこでまずフェーン現象を考え、そのつぎに、飛行機の翼のまわりの気流という別の状況でも同じことが起こることを話したいと思います。

まずフェーン現象ですが、Q26で述べたように、気流が山に沿って昇ると温度が下がります。温度が下がると空気に含まれていた水蒸気が水滴になります。水滴が現れる温度を露点といいます。

さて、温度が下がり、露点以下になると、霧や雲が発生します。図27・1はそのようにしてできた雲の冠を頂く富士山です。この雲は氷粒でできていると思われます。山では強い風が吹いていますが、雲が吹き払われることはありません。雲は山頂の風上で発生して風下で消滅するのです。その形からかさ雲とよばれます。雲が発生すると、上で述べたとおり乾燥空気の場合より温度低下が少なくなります。

図 27・1　富士山頂にかかる雲［富嶽仙人 氏 提供］

風が山を下るとき、Q26で述べた計算の逆の過程が起こって、断熱圧縮によって温度が上がります。もし空気の中に雲の水滴が浮かんでいれば、下降時には温度が上がるとともに水滴は蒸発し、雲が消えます。雲が消滅するとき、水分の蒸発熱によって、断熱圧縮による温度上昇が少し抑えられ、結局もとの温度（雲が発生する前の温度）に戻ります。すべて可逆変化ですね。しかし、山腹を上昇するときにできた水滴が途中で雨となって空気中から失われることもあります。そうすれば、山腹を下るとき蒸発する水分がそれだけ少なく、したがって空気が元の高さまで降りてきたときには、はじめより高い温度になります。これがフェーン現象です。空気が山を越えるとはじめより暖かくなるのは一見不思議ですね。でも、空気中の湿気が雨として取除かれ、その凝縮熱が空気に移って温度が上がったのだと理解できます。フェーンはこの現象の起こるスイスの地名です。

日本でも太平洋から湿った空気がやってきて、中央山地で雨を降らせた後、日本海側に異常に高い気温をもたらすことがあります。

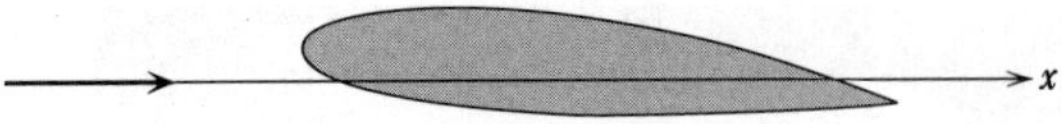

図 27・2　翼の上面では圧力が下がり，下面では上がる

参考　飛行機の翼に発生する霧

つぎに気体の断熱変化の理論を飛行機の翼のまわりの気流にあてはめましょう。ジャンボ機のような旅客機が飛ぶとき、翼の上に霧が発生することがあります。梅雨時、蒸し暑い雨の日に飛行機で旅するとしましょう。飛行機は着陸態勢に入って高度を下げ、雨雲を突き抜けます。そして着地するまでの間にフラップ（主翼からせり出す補助翼）の周辺にちらちらと霧ができては消えるのが見えるでしょう。フラップのまわりに気流の乱れる領域があり、そこに霧が発生しては消えるのだと思われます。まれにですが、翼の上面全体に霧が発生することもあります。これらの現象は山の雲と同じように理解できます。フラップの近くの気流はたいへん複雑ですので、比較的簡単な翼面全体の霧を考えることにします。

大きい旅客機が空中に浮かぶのは翼に当たる気流によって揚力がはたらくからですが、揚力は、翼の下側で空気が圧縮され、上側で希薄化されることによって発生します。翼の断面を考えますと、図27・2に示すとおり、上面に沿う流れと下面に沿う流れが対称的でなく、上面に沿う気流の方が高速で流れます。ところが、流速と圧力のあいだには流速が大きいほど圧力が低いという関係があります。流体力学でベルヌーイの定理と言われるものです。したがって翼の上面の圧力が低く、下面の圧力が高いことになります。この圧力差によって機体が押し上げられる（あるいは吸い上げられる）というのが流体力学による揚力の説明です。

このとき翼の下側でいわゆる断熱圧縮、上側で断熱膨張が起こっていることになります。ただし、気流の速度が大きいと仮定しています。気体は断熱膨張によって温度が下がります。断熱といえるのは、気流が急速であって、温度変化があっても熱が伝わる時間がないからです。そして温度が露点以下に達したとき霧が発生します。翼を過ぎたところで断熱圧縮によって圧力は元に戻り、温度も元に戻って霧は消えます。一方、翼の下では断熱圧縮によって温度が上がり、翼を過ぎると元に戻ります。

ジャンボジェット機は一八三トンもの重さがあり、それを空中に支える翼の面積は五一一平方メートルです。一八三トンの重力を面積五一一平方メートルで割り算すると翼の上下の圧力差が算出できます。単位を間違えないよう注意して計算すれば、圧力差は一八三×一〇〇〇×九・八／五一一＝三五一〇パスカルとなります。一パスカルとは一平方メートルに一ニュートンの力を及ぼす圧力をいいます。天気予報でなじみのあるヘクトパスカルでいえば、翼の上下の圧力差は三五・一ヘクトパスカル、気圧単位では〇・〇三五気圧です。ジャンボ旅客機を浮かせる圧力が百分の三気圧ほどに過ぎないことは少し驚きですね。

さて、つぎに断熱膨張でどれだけ温度が下がるかを計算します（次ページの「断熱膨張による温度降下の計算」参照）。計算によりジャンボ機が通過するとき、空気の温度は一・五℃ばかり下がることがわかりました。霧が発生するのは、温度が下がった結果として水蒸気圧が飽和に達するからです

断熱膨張による温度降下の計算

1モルの空気を考え，理想気体として，$pV=RT$ と $pV^{\gamma}=$一定という関係を使います．はじめの式は状態方程式で，第2番目の式は理想気体の断熱変化にだけ当てはまる式です．γ（ガンマ）は定圧熱容量と定積熱容量の比です．これらから

$$\frac{T}{T_0}=\left(\frac{p}{p_0}\right)^{\frac{\gamma-1}{\gamma}}$$

という式が導かれます．この式の意味は，飛行機がくる前に温度 T_0，圧力 p_0 であった空気が，翼にかかるとそれぞれ T，p になるということです．T_0=300 K（ケルビン），p_0 に1気圧=1013.25 hPa（ヘクトパスカル），$p=p_0-(35.1/2)$ hPa，$\gamma=1.40$ を代入すると温度変化として，1.5 K が得られます．ここで圧力変化を上の計算値 35.1 hPa の半分にしたのは，圧力差の半分が翼の上面の減圧による分だからです．なお，この数値はp. 137の式を用いて計算することもできます．

が、飽和水蒸気圧のデータを使いますと三百ケルビン（約二十七℃）で湿度が九十二パーセント以上であれば、一・五℃の温度降下で飽和に達すると計算されます。過飽和ということもあるので、一概にいえませんが、湿度の高い気象条件下では、このように翼の上の面だけで霧が発生することがあります。以上の計算では翼一面に同じ圧力としましたが、実際は圧変化の大きいところと小さいところがあり、圧変化の大きいところではもっとゆるい条件で霧が発生すると思われます。また霧の発生によって翼の揚力に微妙な変化があることも想像されます。飛行機雲はジェットエンジンの排気ガス中の水分が雲になる現象で、それはそれで興味深いですが、別の問題です。

Q28

地球温暖化はなぜ起こるのか？

〈A〉

わたしたちは地球の表面を取巻く大気の中で暮らしています。この大気の温度が百年ほど前から少しずつ上昇しており、雨の降り方など気候全体に影響が現れてきました。これが地球温暖化（気候変動）(注)です。この現象はなぜ起こっているのでしょうか。

大気に入ってくるエネルギー量と出ていくエネルギー量が同じなら、気温は一定に保たれるはずです。気温が上昇してきたということは、その出入りに何か変化が起こったことになります。そこで、大気に出入りするエネルギーを調べてみましょう。

大気に入ってくるエネルギーとして最も有力なのは、太陽エネルギーです。太陽は、表面温度約六千℃という高温で、大量のエネルギーを放射しています。その成分は可視光線（波長〇・三八―〇・七八マイクロメートル程度）が大部分で、その外側の紫外線（波長〇・三八マイクロメートル以下）や赤外線（〇・七八マイクロメートル以上）も含まれています。地球の大気に降り注ぐ、その放

（注）　日本では「地球温暖化」（global warming）という語を多く用いますが、国際的には「気候変動」（climate change）というのが一般的です。

射エネルギー量はどのくらいなのでしょうか。大気圏外の人工衛星で、太陽に真っすぐに向かって測定すると、一平方メートル当たり一三七〇ワットの入射があります。この値は地球と太陽との距離で決まっており、一定ですので「太陽定数[注]」といいます（Q31参照）。

では、地球が受け取る総エネルギー量はどのくらいでしょう。地球の半径は約六三七〇キロメートル、太陽から見た投影面積は約一億二七〇〇万平方キロメートルです。太陽定数を投影面積に掛けると、地球が受け取る太陽からの全入射エネルギーは約一七五ペタワット（一七五×一〇の一五乗ワット）となります。地球が一年間に太陽から受け取る総エネルギー量は、約五・五×一〇の二四乗ジュール（ワット×秒）という莫大なものとなります。

しかし、降り注ぐ太陽エネルギーが、すべて地球に吸収されるわけではありません。一部は表面で反射して、そのまま宇宙空間に逃げてしまいます。天体への入射エネルギーに対する反射エネルギーの比を、アルベド（albedo：反射能）といいます。月のアルベドは、大気や水がなく雲もできないので七％にすぎませんが、地球では、雲の反射率七〇％、氷雪では八〇％にも達しますので、月より

（注）太陽定数は地球の公転軌道のゆらぎなどから、長い間にはわずかに変化します。特に十万年周期で離心率（公転軌道中心のずれ）が変化して地球に氷期をもたらすことが知られており、研究した科学者の名前をとってミランコビッチ・サイクルとよばれています。現在の地球は、約二万年前に終わった氷期の後の最高温期を過ぎて、つぎの氷期に向かって徐々に温度が低下していると考えられています。また、もし氷期後の気温上昇が続いているとしても、上昇スピードは千年に一℃程度なので、その十倍も速い現在の地球温暖化の説明はつきません。

大きくなります。地球のアルベドは、雲などのでき方によって変動しますが、ほぼ三〇％で一定しています。したがって、地球が太陽から受け取る総エネルギー量五・五×一〇の二四乗ジュール／年のうち三〇％は反射して逃げてしまい、約三・九×一〇の二四乗ジュール／年が表面に吸収されます。(注)

ここで、太陽エネルギー以外で地表に放出されるエネルギーについても考えておきましょう。地球内部のマグマの高温は地熱として地表に伝わり、また一部は火山や温泉として目にすることができますが、そのエネルギー量は、せいぜい一×一〇の二一乗ジュール／年と太陽エネルギーの千分の一以下です。人間が地中から掘り出した化石燃料や原子力などの商用エネルギーはさらに小さく、全部合わせても三・三×一〇の二〇乗ジュール／年程度です。いずれも太陽エネルギーに比べるとはるかに小さいので、計算上は無視することができます。

つぎに大気から出ていくエネルギーを明らかにするために、地球表面に吸収された太陽エネルギー、三・九×一〇の二四乗ジュールの行方を調べてみましょう。

三分の二にあたる二・六×一〇の二四乗ジュールは、地面や海面にあたって地球を直接温めます。水一グラムは、約四・二ジュールで一℃上昇しますが、赤道付近の方が高緯度地域より多くのエネルギーが到達するので、温度差が生じ、海流による海洋循環や上昇気流による大気循環など、地球環境を形作る重要な現象が生じます。三分の一に当たる一・三×一〇の二四乗ジュールは、おもに水を蒸発させるエネルギーとなります。水の蒸発には、単なる温度上昇に比べてはるかに大きいエネルギー

（注）雲や氷雪が減ってアルベドの値が小さくなればこのエネルギー量が大きくなり、気温も上昇します。しかし、現在はそのような変化は観測されておらず、地球温暖化の原因とは考えられていません。

が必要で、二五℃の水一グラムを水蒸気にするには二四〇〇ジュールものエネルギーが使われます。使われたエネルギーは蒸発潜熱として、水蒸気中に存在します。水蒸気は上昇して雲となり、雨を降らせます。このとき水蒸気が凝結して水に変わり、潜熱を放出します。つまり、エネルギーは蒸発した水に乗っかる形で上空に達し、そこで大気に放出されるわけです。

このように、地面、海洋、大気で重要なはたらきをした太陽エネルギーは、いずれは大気圏上部から宇宙空間へと出ていきます。地球の表面温度は太陽よりもずっと低く約一五℃ですから、地球から宇宙空間に放射するエネルギーは、可視光線より波長の長い赤外線です。宇宙空間は真空に近く、伝導や対流はほとんどありません。太陽から地球にもたらされた年間三・九×一〇の二四乗ジュールのエネルギーは、最終的にはすべて赤外放射によって、大気圏上部から宇宙空間に逃げていくと考えられます。

ところで、もし地球に大気も水もなく地表から直接、エネルギー放射が起こっていると仮定したら地球の表面温度はどうなるでしょうか。太陽からの全入射エネルギーがそのまま地球の全放射エネルギーになるとすれば、その温度を計算することができます。これを放射平衡温度といい、地球では約マイナス十八℃となり、かなり低温です。これはあくまでも平均で、太陽があたっている面は灼熱地獄、かげの面は極寒となるでしょう。いずれにしても現在の地球とは全く違う姿です。実際の地球の表面では、大気や水による伝導や対流のおかげで、きわめて温和な温度環境が実現しているのです。

では、この大気や水は、宇宙へ逃げていく赤外放射にはどんな影響を及ぼしているでしょうか。ふたたび大気圏外の人工衛星に登場してもらい、今度は地球に向かって赤外線カメラで観測してみま

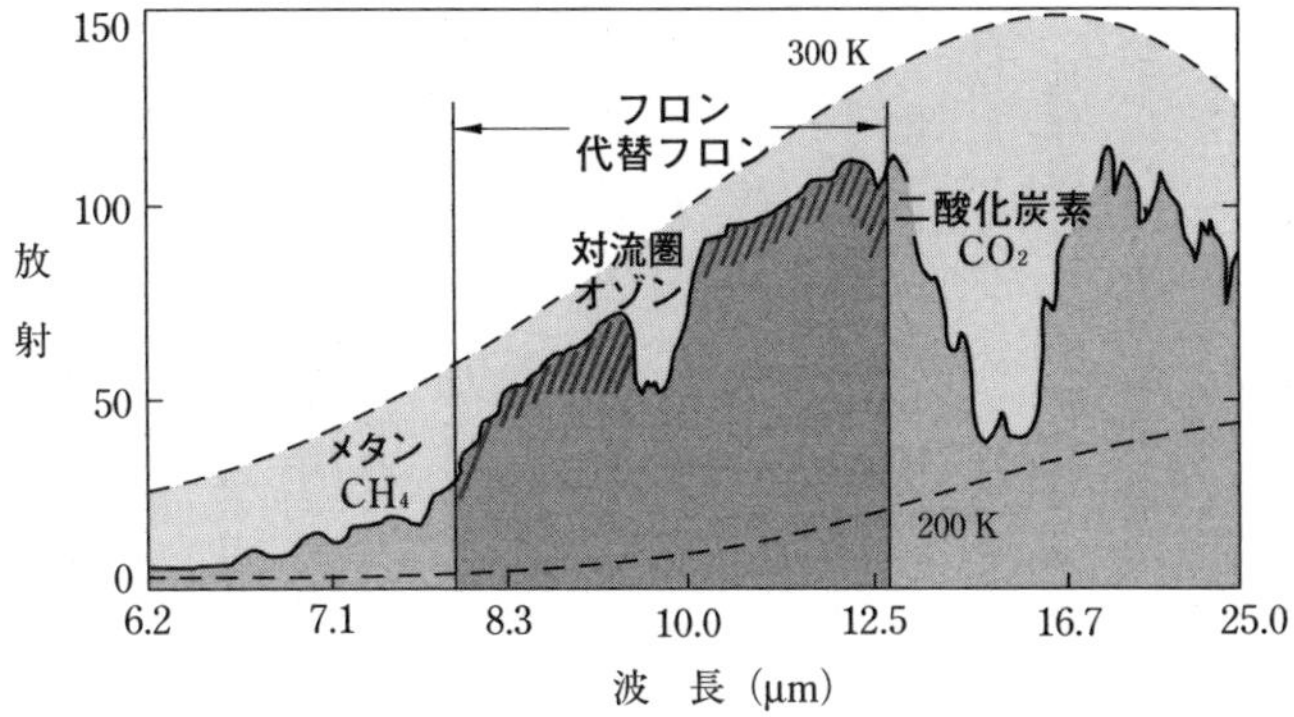

図 28・1　人工衛星から見た地球の赤外放射（ニンバス４号測定）．地球の熱はおもに８～12 μm の領域（大気の窓）で宇宙空間に放射されている［V. Ramanathan, *J. Geophys. Res.*, **92**, 4076（1987）を改変］

しょう（図28・1）。宇宙空間に放射される赤外線は、何も障害物がなければスムーズな山型の波長分布のはずですが、実際の観測結果は大分がたがたしています。特に波長十五マイクロメートル付近では大きく落ち込んでいます。この波長の赤外線は、大気中の二酸化炭素に吸収されるためです。吸収された赤外線は再び放射されますが、その一部は地表に戻ってしまいます。つまり、エネルギーが大気と地表の間でキャッチボールされているような状態となり、地表付近に留まる時間が長くなります。このように、大気を保温するはたらきがある気体を「温室効果ガス」といいます。このようなガスが増加したことが、地球温暖化の原因として考えられています。

大気成分のほとんどを占める窒素、酸素は赤外線を吸収しないので、温室効果はありません。温室効果ガスの中で大気中に最も多く含まれるのは、約一～三％を占める水蒸気です。地球の気温をマイナス十八℃からプラス十五℃に引き上げているのも、そのおかげが大きいと考えられます。しかし、水蒸気量は天候や場所よる局所的な変動が激しいので、長期的な変化を調べることは困難ですし、現段階では増加していて地球温暖化の原因だという証拠はありません。対流圏オゾンも、同様に変動が激しい物質です。

これに対して、二酸化炭素、メタン、一酸化二窒素といった温室効果ガスは、大気中では安定しており、長期的な増加傾向が観測されています。たとえば二酸化炭素は産業革命前(十八世紀前半ころ)には〇・〇二八%であったものが、人間活動による上乗せで現在は〇・〇三八%ほどになっており、地球温暖化の主因と考えられているのです。

ところが、もう一つ見落としてならない点があります。上にあげたような温室効果ガスは、もともと自然界にも存在するものです。もう一度、図28・1を見ると、波長八―一二マイクロメートル付近は、気まぐれな対流圏オゾンを除くと、自然界にはほとんど吸収するガスがありません。この範囲は「大気の窓」とよばれており、大気圏から宇宙に向かって開け放たれたエネルギーの出口なのです。ここに吸収を示すのが、人工の有機フッ素化合物のフロン、代替フロンです。また類似物質である六フッ化硫黄、三フッ化窒素なども同様です。これらは、同じ重さ当たりでは二酸化炭素の数百倍―数万倍というきわめて強力な温室効果ガスです。

地球温暖化の影響は、単なる気温の上昇にとどまらず、地球の水循環に現れます。熱帯性低気圧の大型化や降水量増加で洪水となる地域がある一方で、全体には乾燥する地域が多くなると予測されています。このため食料減産や感染症拡大が懸念されており、地球温暖化の研究と対策は、今世紀最大の環境的課題であるといえます。

Q29

人類が消費しているエネルギーはどのくらい？

〈A〉

地球の表面に住むわたしたちにとって、生活に利用できるエネルギー源にはどのようなものがあるでしょうか。電力は今では最もよく使うエネルギーですが、自然界から直接得られるわけではなく、他のエネルギーを転換してつくっているので、二次エネルギーといいます。これに対して直接得られる水力や原子力、石炭、石油などを一次エネルギーといっています。この一次エネルギーも、おおもとをたどれば、太陽エネルギーと地球内部のエネルギーのどちらかに行き着きます。

まず、太陽エネルギーについて考えてみましょう。太陽の光がさんさんと降り注ぐのを目の当たりにしていても、あらためてエネルギー利用というと、太陽光発電や太陽熱温水器のような直接利用しか思いつかないかもしれません。しかし、地球の気象現象や海流の発生は、すべて太陽エネルギーによって起こっているのです。したがって、水力や風力は太陽由来のエネルギーといえます。太陽光発電や風力発電は新エネルギーとして注目が高まっていますが、供給量はまだ微々たるものです。水力は実績のあるエネルギーですが、世界の一次エネルギー需要百十億トン（石油換算）に対して二％強を満たしているに過ぎないのです。

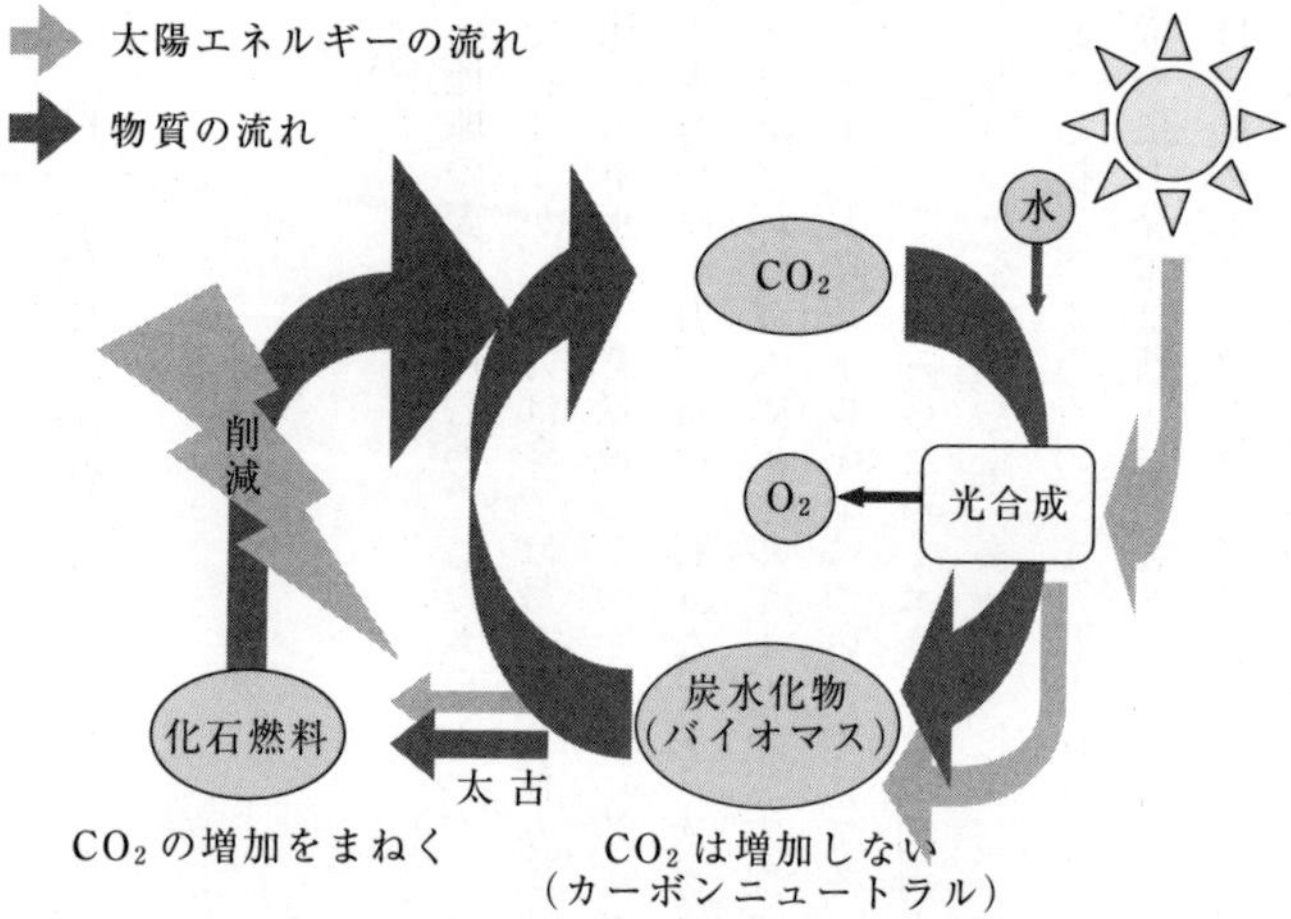

図 29・1　炭水化物は太陽エネルギーの力で生産される資源．太陽エネルギーは化学エネルギーとなり，炭水化物や化石燃料に蓄えられる．化石燃料からの流れは，CO_2の増加をまねくので削減が必要

そこで、もっと重要な太陽のはたらきを忘れてはいけません。植物や一部の微生物が行う光合成です。光合成というと、二酸化炭素から酸素がつくられる反応と短絡的に思いがちですが、エネルギー面からみれば酸素は副産物であって、太陽エネルギーを固定した産物は炭水化物です。二酸化炭素中の「炭素」と、植物に欠かせない「水」を原料として、これに太陽エネルギーが作用して「化合」した「物」。これら四つの「」の中を並べてみれば「炭水化物」の由来がわかりますね。すなわち、炭水化物は炭素と水が太陽エネルギーを得て化合した物質です（図29・1）。年間生産量約二千億トン（石油換算約千億トン）、エネルギー量にして約三・三×一〇の二一乗ジュール、この地球上で最大のエネルギー物質です(注)。

もちろん、炭水化物は地球生態系全体を支えているもので、人間だけのために存在するのではありませんが、なにより私たちの食料は、すべて炭水化物に起因しているのです。人間が直接食べるのに適している炭水化物はデンプンです。米、小麦、とうもろこしなどデンプンを多くつくる作物、いわゆる穀物を栽培することに人類は多大な力を割いてきました。二十世紀の農業は、石油を初めとする他のエネルギーをここに投入し、灌漑《かんがい》や化学肥料、機械化などによって飛躍的に生産量を伸ばしました。現在の世界の穀物生産高は年間約二十億トンで、今後もこの生産を確保していくことは最重要課題です。

また、人間は食料以外にも古くからまきや炭という形で利用してきました。十九世紀までは一次エネルギーの半分以上を占めていたと思われます。石油の時代となった二十世紀以降でも、発展途上国を中心に生活エネルギーとなっています。日本の昔話の「おじいさんは山へしば刈りに…」がそれに当たります。このような商用エネルギー取引外の利用は数量的に把握しにくいのですが、近年では、先進国でのいわゆるバイオマス利用が増えており、十億トン（石油換算）以上が使われていると推定されます。

これらの太陽起源エネルギーは、現在の地球で毎年繰返して生産されるので、持続可能生の高い再生可能エネルギーとして、期待が高まっています。

（注）地球が太陽から受け取る総エネルギー量はアルベド（反射）分を差し引いて約三・九×一〇の二四乗ジュール／年ですから、光合成に使われるのは千分の一にもなりません。太陽がいかにすごいエネルギー源であるかがわかります。

さて、もう一方の地球内部のエネルギーとは何でしょう。それが直接感じられるのは、火山や温泉です。地熱発電という技術もあります。二酸化炭素の排出が少ない点では期待されるエネルギー源の一つですが、立地が限られており、現在の電力供給量としてはわずかです。

石炭、石油などの化石燃料、そして原子力も、それぞれ太古に産生されたものですから、現在の地球にとっては地球内部から取出したエネルギーといえるでしょう。これらは、現在の主力一次エネルギーです。世界の一次エネルギー需要は、中国を初めとする発展途上国の急激な経済成長で急増しており、すでに年間百十億トン（石油換算）を超えていると考えられます。そのうち、化石燃料は石油三十九億トン、石炭二十六億トン、天然ガス二十三億トン（いずれも石油換算）をまかなっており、全体の八割を占めています。原子力は七億トン（石油換算）です。

これらの化石燃料や原子力のウランについてよくいわれるのが、あと数十年で枯渇するという問題です。二〇〇三年時点での可採年数（確認可採埋蔵量を生産量で割った値）は、石油四十一年、天然ガス六十七年、石炭百九十二年、ウラン八十五年ですが、これらのデータの出所は業界調べであり、どこまで確実なデータかはわかりません。現在ではむしろ、枯渇の心配より、二酸化炭素排出による地球温暖化への影響の方が懸念されています。炭水化物（バイオマス）と化石燃料を比較した場合、前者は現在の大気中の二酸化炭素からできたものなので、燃やしても元の状態に戻るだけで、大気中の二酸化炭素を増やしません。これをカーボンニュートラル（炭素収支ゼロ）といいます。一方で、化石燃料は、太古の二酸化炭素からできたものなので、燃やすと現在の二酸化炭素に上乗せになり、これが、地球温暖化の主因と考えられています。したがって、削減が必要なのです（図29・1）。

Q30 「省エネルギー」のためにはどうすればよいか？

〈A〉

省エネルギー（省エネ）というとコスト削減だけでなく、いまは温室効果ガスである二酸化炭素の排出削減という環境的な視点からも、積極的に取組むことがすすめられています。

その方法としてすぐ思いつくのは、こまめにスイッチを消す、待機電力カットのためコンセントを抜く、車の空ぶかしを控える、などの使用法改善による節約です。もちろん、このような努力は重要ですが、さらに大幅な省エネのためには、どうすればよいでしょうか。

最近では、冷蔵庫、エアコン、車など消費エネルギーが大きい機器については、同じ機能を保ちつつエネルギー消費が少ない構造に改良が進んでおり、家電の省エネ率や、車の低排出ガス車という表示で、一目でわかるようになってきました。しかし、まだ使える機器を捨てる方が無駄なのでは、と悩むこともあります。どう考えればよいでしょう。

このような機器では、一般的に製造・廃棄に要するエネルギーより使用時のエネルギーの方が多く使われます。たとえば、十年使ったときのその比率が二対八だったとしましょう。壊れないからといって、がんばってあと十年使えば、二十年間の投入エネルギーは二＋八＋八で十八です。もし十年

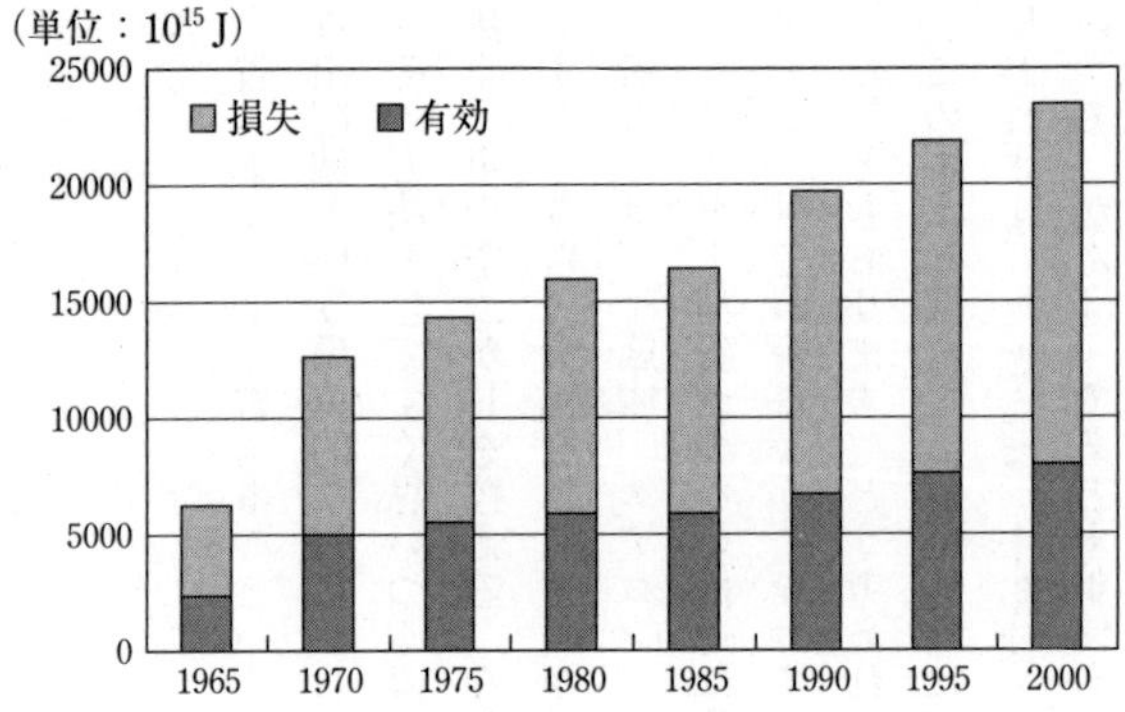

図 30・1　日本における一次エネルギーの使用量．日本では一次エネルギーの 2/3 が無駄に捨てられています［総合エネルギー統計より作成］

目で使用時半分のエネルギーですむ機器に更新したら、二十年間の合計は二＋八＋二＋四で十六となり、一〇％以上の省エネとなります。ポイントとしては、新機の使用時エネルギーが、旧機に比べて半分以下のものを選ぶことです。

　このような大幅なエネルギー効率の改善は、どうやって実現されているのでしょう。もともと多くの機器では、石炭、石油、天然ガスなどの一次エネルギーがもっているエネルギーを有効に使えず、かなり無駄にしています。特に、本来の機能ではなく、熱として捨ててしまっていることが多いのです（図30・1）。

　自動車では、燃料のもつエネルギーの二割程度しか前進する力に使っていません。自動車から出る熱や音は、その分のエネルギーが無駄になっているのです。改良の一つの方法としては、エンジン自体の性能を熱効率が良い、いわゆる低燃費の車とすることです。ヨーロッパの自動車メーカーは、ガソリンエンジンより熱効率のよいディーゼルエンジンを小型化して乗用車に搭載し、燃料一リットル当たり三〇キロメートルも走行できる車を実現しました。日本の自動車メーカーは、別のアプローチをしています。車のブレーキとは、前進しようとしている車の運動エネルギーを、摩擦熱に変えて空中に捨てることで減速する装置です。このエネルギーを回収して、再び前進の力にできれば、エネルギー効率は一気にアップします。しかし、エンジンでは減速エネルギーを回収することができません。そこでモーターをつなぎます。すると減速時には発電機となるので、そのエネルギーを電池に回収して次回の発進加速時に使ってやれば、ガソリン使用量を大幅に減らせるのです。これがハイブリッド車です。

このように捨てる熱を回収する試みは、発電などのエネルギー転換の段階でも行われています。一次エネルギーから電力をつくる段階の効率は、大手の電力会社でも約四〇％しかありません。最近はガス・コンバインド発電のように五〇％を超える高効率の発電法もありますが、それでもエネルギーの半分は、発電所で熱として捨てているのです。この熱を使って、暖房や給湯を行うことはできるでしょうか。発電所は、海沿いの臨界工業地帯などの電気の供給を受けるユーザーから遠く離れて立地することが多いので、ユーザーが同時に熱の供給を受けることは困難です。では、電気を使う家庭や事業所に小型の発電機があって、同時に熱も取出せればどうでしょうか。このような装置をコジェネレーション（熱電併給）といいます。最も効率の良い条件では発電で三〇—四〇％、さらに熱供給で四〇—五〇％、併せて八〇％ものエネルギー効率を実現しており、まさに燃料使用量は半減です（図30・2）。

捨てているものを回収して有効利用するということでは、廃棄物のリサイクルも同じです。アルミニウム（アルミ）のように、最初の製造段階では大量のエネルギーを要し、再生段階ではその数％の

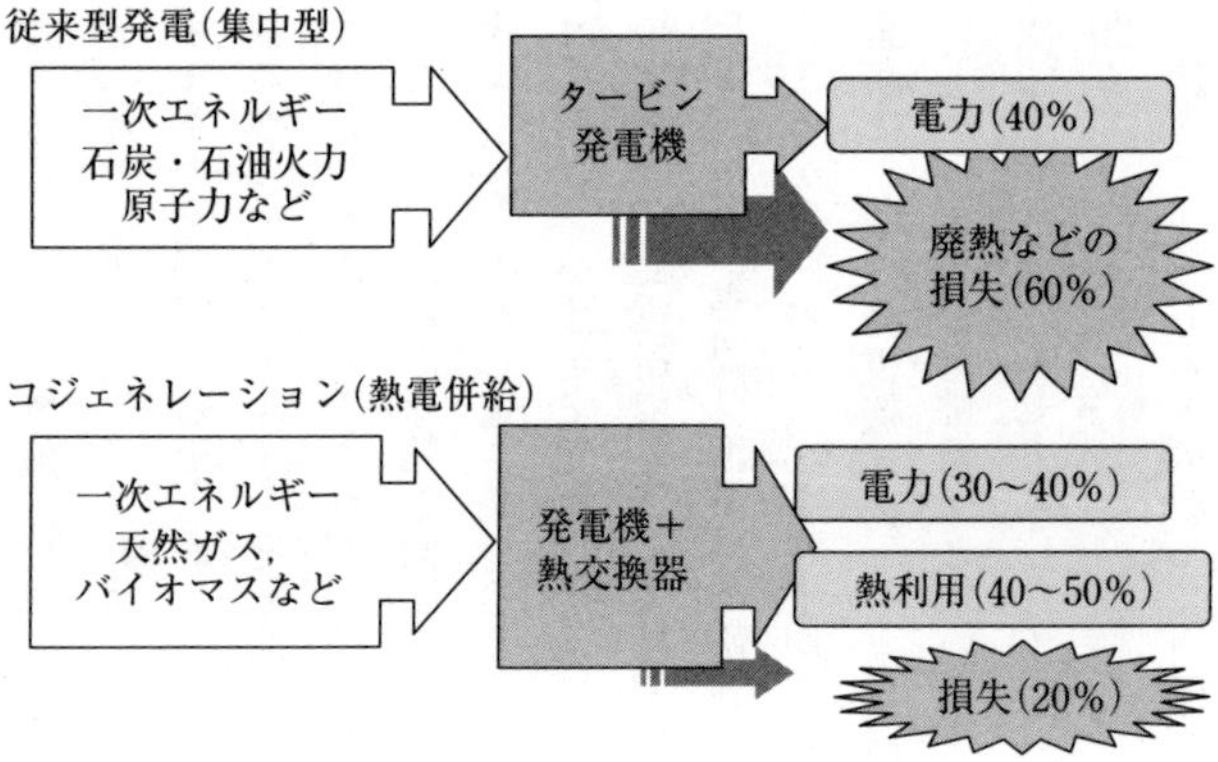

図 30・2　従来型発電とコジェネレーション

エネルギー投入ですむという素材では、リサイクルによってエネルギーを節約できます。しかし、一般的にリサイクルは材料としての再生に主眼がありますから、エネルギー的には必ずしも省エネになっていないこともあるでしょう。リサイクルすればどんどん使ってよいということではなく、本当に環境負荷を減らすことができているるか、検討する必要があります。

環境負荷を減らすという視点から考えれば、発想を変えることもできます。同じだけエネルギーを使ったとしても、一次エネルギーとして環境負荷の小さいものを使うのです。そこでクローズアップされるのが、バイオマスエネルギーです。バイオマスとは現在の生物由来の資源のことです。光合成によって生長した植物、およびそれを食べて育った動物とその排泄物など、もとをたどれば太陽エネルギーに行き着く資源です。これに対して石炭や石油などの化石燃料は太古の生物由来の資源と考えられています。どちらも、燃やせば二酸化炭素が発生しますが、両者には決定的な違いがあります。バイオマスは現在の二酸化炭素を増やしませんが、化石燃料は太古の二酸化炭素由来ですので、現在の二酸化炭素に上乗せとなり増やしてしまいます。したがって、化石燃料を用いているものをバイオマスエネルギーに置き換えれば、二酸化炭素排出に関しては環境負荷を減らすことができます。

現在のわたしたちの生活は、エネルギー面では石炭、石油、天然ガスといった化石燃料に八割を頼っています。ＬＰガスは液化石油ガスのことですから、これに含まれます。これらの化石燃料はエネルギー密度が高く、持ち運べるという特徴があり、使いやすいのです。バイオマスエネルギーで、その代替をするにはどうすればいいでしょうか。

バイオマスは木材をはじめとして固形状のものが多いので、石炭に混ぜて燃焼させることは容易です。石炭は、現在ではおもに火力発電燃料ですので、バイオマス石炭混焼発電を行うことができます。また、バイオマスだけを固形のまま燃やす方法として、木質ペレットがあります。木質ペレットは、おがくずや樹皮などからつくる小さな粒状の燃料で、最近では燃料自動供給型ストーブが開発され、灯油ストーブなどと同様な使い勝手が得られています。小学校等に導入すれば、環境教育の効果も期待できて一挙両得です。

バイオマスの液体燃料化はどうでしょうか。植物油は食用油などに使用されていますので、廃食用油を集めて加工し、軽油に替わってディーゼルエンジンの燃料として使うことができます。ＢＤＦ（バイオディーゼル燃料）とよばれています。また、別の方法として、サトウキビの糖分やトウモロコシデンプンを原料に、生物分解（アルコール発酵）によってエチルアルコールをつくる方法もあります。これをガソリンに数パーセント混ぜて、自動車を走らせることができます。

バイオマスのガス化はどうでしょうか。家畜ふん尿を生物分解（メタン発酵）し、天然ガスの主成分と同じメタンをつくることができます。また、木や草など多くの植物性バイオマスに有効な方法として、熱分解があります。古くから行われてきた炭焼きのような方法では、固形のエネルギー物質である木炭と有機酸やアルコールなどの有用物質が主で、可燃ガスは少量得られるだけです。最初からガス化を主目的とするなら、水蒸気を適度に加えて分解反応を起こすことにより、合成ガス（メタン、一酸化炭素、水素の混合物）を得ることができます。これ自身を燃料ガスとして使えますし、さらに液体燃料であるメチルアルコール製造を行うこともできます。

省エネ技術の進展によってエネルギー消費量を半減し、一方で地球最大のエネルギー源であるバイオマスを一次エネルギーとして導入していく、このようなシナリオが環境調和性の高い次世代のエネルギー利用法として現実的であるように思われます。

第八章　宇宙のエネルギーとエントロピー

――万物は流転する

Q31

地球が太陽から受けるエネルギーはどのくらい?

〈A〉

太陽は巨大な熱放射体であり、莫大な量の放射エネルギーをあらゆる方向に放出しています。地球は、そのほんの一部を受け取っているに過ぎませんが、それでも、地球が受取る太陽エネルギーは一・七五×一〇の一四乗キロワットにもなります。現在日本にある発電設備の総発電能力は二・五九×一〇の八乗キロワットですから、地球が受け取る太陽エネルギーはその六七万倍にも上る大きさです。

もちろん、このように巨大な太陽の放射エネルギーを直接測ることはできません。測定するのは、大気の吸収のほとんどない地球上空で、太陽光線に垂直な平面に入射する単位面積当たりの全放射エネルギーです。これを太陽定数とよんでいますが、その大きさは「理科年表」によると、一平方メートル当たり一・三七キロワット(一平方センチメートルに流入する毎分約二カロリーの熱量に相当)です。

この値に地球の大円(球とその中心を通る平面が交わってできる円)の面積を掛ければ、先に示した地球が太陽から受けている総エネルギーの値が求められます。

解説1　太陽定数

地球の公転軌道は楕円であり、太陽―地球間の距離は年間を通して変化するので、地球に入射する太陽エネルギーも一定ではありません。そこで、太陽定数は厳密には「一天文単位、すなわち平均の地球―太陽間距離（一・四九五九七八七〇×一〇の八乗キロメートル）の位置における地球大気外で太陽光線に直交する単位表面が受ける全波長の放射エネルギー流束」と定義されています。

太陽定数は太陽放射の最も基礎的な定数です。その本格的な観測は一八七〇年代にカリフォルニアの標高四三五〇メートルの山頂で始められ、このとき大気の影響も考慮して得られた値は一平方メートル当たり約二キロワットでした。

その後太陽定数の観測は各地の高山観測所で行われ、一平方メートル当たり一・三から一・四キロワット程度の値が報告されています。地上測定では外挿法を用いて大気の吸収を除去していましたが、一九六五年以降になると航空機や気球さらに人工衛星を用いて、大気の影響を避けた直接観測が行われ、測定の精度が飛躍的に高まりました。一九六五年から一九七五年の十年間に、十以上の独立した観測グループによって大気圏外での太陽定数の観測が行われ、得られた値は三桁の精度で良好な一致がみられました。その結果がこの項の始めに示した一平方メートル当たり一・三七キロワットという値です。ただしその後の人工衛星による観測で、太陽定数は十一年の太陽周期とともに変動することがわかったので、厳密には「定数」とはいえません。

放射エネルギーの測定には日射計が用いられます。日射計の太陽放射エネルギーの検出方法には、熱検出、量子計測、化学反応による検出などがあります。一般には熱検出による日射計がよく用いら

表 31・1　各惑星での太陽の放射強度と太陽エネルギーの総量
（地球での値を1.00とする）

	水星	金星	地球	火星	木星	土星	天王星	海王星
放射強度	6.67	1.91	1.00	0.43	0.037	0.011	0.0027	0.0011
エネルギー総量	0.97	1.71	1.00	0.12	4.6	0.98	0.043	0.016

れていますが、これは放射を受けた黒い受光板の温度上昇を熱電堆（サーモパイル・温度差を起電力に変換する素子）によって検出する方式です。

解説2　惑星の受ける太陽放射エネルギーとその表面温度

太陽は半径が地球の百倍以上もある巨大な恒星（赤道半径は六十九万六千キロメートル）ですが、太陽に最も近い水星でもその軌道半径は太陽半径の八十倍以上です。したがって、各惑星に入射する放射エネルギーの強度を比較する場合には、太陽を点光源として取扱っても大きな誤差は生じません。

点光源からの放射強度は光源からの距離の二乗に反比例するので、地球での太陽放射強度を一・〇〇とすると、各惑星の相対強度は表31・1の第一行に示すようになります。また、この数値に各惑星の受光面積を掛ければ、それぞれの惑星の受ける太陽エネルギーの総量を求めることができます。その結果は、地球が受ける総エネルギーを一として、第二行に示すようになります。

ところで、空間におかれた物体は温度の四乗に比例する熱を放射することが知られています。惑星は太陽からエネルギーを受けてその温度が上昇し、それにつれてより多くの放射エネルギーを放出するようになり、最終的には入射エネルギーと放射エネルギーが釣合ったところで惑星の温度が平衡状態

表 31・2　惑星の平衡温度（ケルビン）

	水星	金星	火星	木星	土星	天王星
計算値	440〜623	229〜324	216〜305	87〜123	62〜87	41〜58
実測値	610	235	230	134	97	55

になります。惑星の熱伝導率の悪い場合と良い場合を仮定して計算すると、予想される平衡温度（ケルビン）の範囲は表31・2の第一行のようになります。

第二行の数値は、地球からの望遠鏡による赤外線観測の結果です。木星と土星では実測値が計算値よりもかなり高く出ています。その原因は、これらの惑星の内部からの熱発生にあるのではないかと考えられています。

参考　惑星大気の温度

水星にはほとんど大気がないため昼と夜の温度差が非常に大きく、六一〇Kという高温は太陽に面した温度であり、反対側では一一一Kという値が報告されています。

金星の表面温度二三五Kは地球上での望遠鏡による実測値ですが、その後打上げられた金星の探査機によって、金星大気は七四〇K、九十気圧もの高温・高圧であることがわかっています。大気の主成分は二酸化炭素であり、地表は厚い硫酸の雲で覆われています。

火星では金星とは対照的に大気圧が地球の二百分の一程度ですから、大気は希薄で夜の熱放射を妨げる効果がほとんどありません。そのため昼と夜の温度差は一〇〇K以上にもなります。また、赤外線観測から求めた地表温度に比べて大気の温度（気温）は低く、二〇〇K前後のようです。

木星と土星は半径が地球のほぼ十倍もある巨大な惑星ですが、その密度は地球の五・五二グラム毎立方センチメートルと比べるとたいへん小さく、木星で一・三三、土星では〇・七グラム毎立方センチメートルです。木星の大気組成の八九・八%は水素であり、残りはほとんどヘリウムで、少量のメタン、アンモニア、水蒸気が含まれています。土星の大気の主成分も水素とヘリウムです。太陽の密度も一・四一グラム毎立方センチメートルという小さな値であり、その組成の七〇%が水素で、残りの三〇%はヘリウムであると推定されています。したがって、木星と土星は太陽になり損ねた惑星といわれることもあります。実際に木星では、その表面で受け取る太陽エネルギーの二倍もの熱が内部から沸きでていると推定されています。この熱発生が木星中心部にある放射性同位元素の崩壊熱によるものなのか、それとも木星の収縮による重力エネルギーの開放によるものなのかはまだわかっていません。

一九九五年に木星に到達した探査機・ガリレオによって、木星大気の温度測定が行われました。それによると、高度一一〇キロメートル付近の対流圏界面は一〇〇Kの低温ですが、高度が下がるにつれて温度が上昇し、高度二〇キロメートルでは三〇〇K、さら地表面まで降りると、そこは四〇〇K、三〇気圧の高温・高圧の世界です。

Q32

太陽の表面温度はどのようにして測る？

〈A〉

熱の伝わり方には、温度勾配のある物質内を熱が伝わる熱伝導、まわりとは異なる温度になっている物質塊がその温度のまま移動することによって熱を伝える熱対流、熱を伝える媒質を必要としない熱放射という三種類の様式があります。熱放射で伝わるのは可視光線・赤外線・紫外線などの電磁波のエネルギーです（Q９参照）。

日常生活で温度を測る場合、通常、測ろうとする物体に温度計を当ててその示度を読み取ります。この場合、温度計に熱が伝わって物体の温度に等しくなるまで待たなければなりません。ところが、摂氏六千度という高温ではすべてのものはとけてしまい近づくことさえできないので、この方法では太陽の温度を測定することはできません。

ところで、鉄棒を高温の炉に入れると棒の温度が上がるにつれて、赤黒い状態から赤色になり、さらに温度が上がると黄色を経て白色に輝くように変化します。熱源の温度によって、その熱源から放出される光の色がこのように変わるので、逆に、熱放射光の色すなわちそのスペクトルの特性を解析すれば、熱源の温度を推定することができます。

太陽の表面温度を調べるためにもこの方法を用います。すなわち、太陽光をプリズムまたは回折格子によってスペクトルに分け、波長ごとの強度を測定したスペクトル図を作成し、この図を解析することによって太陽の表面温度を求めます。

解説　黒体放射と太陽の表面温度

熱源から放射される電磁波によって熱源の温度を推定するためには、「黒体」の熱放射の理論が必要になります。黒体という聞き慣れない用語は、入射するすべての放射(電磁波)を吸収する物体を意味します。この定義により黒体からの光の反射はゼロですから暗闇で光を当ててもその物体を見ることができないので黒体とよぶのですが、実在する物質では炭などがそれに近い性質をもっています。また、小さな窓の付いた大きい炉を想定するとき、この窓から入ってくる光はすべて炉体に吸収されてしまうので、この炉体

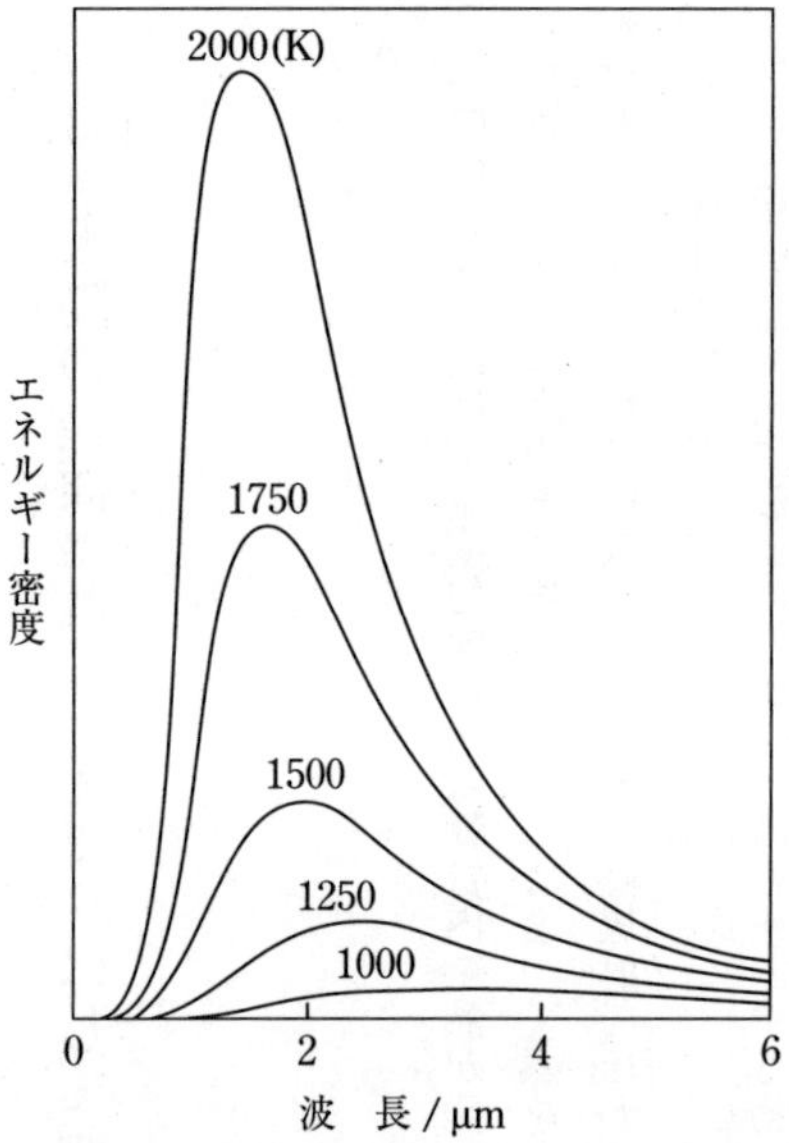

図 32・1　黒体放射のエネルギー密度分布.
図中の数字は炉の温度(K)

ウィーンの変位則と太陽の表面温度

黒体の温度を T ケルビン，放射エネルギー密度が最大になる波長を λ メートルとすると，ウィーンの変位則は次式で表されます．

$$\lambda T = 2.898\times10^{-3}\,\mathrm{m\cdot K}$$

大気の吸収を避けるために大気圏外で太陽の放射エネルギー分布（スペクトル特性）を測定すると，そのピークは 4.6×10^{6} ナノメートル付近にあるので，上式を使うと太陽の表面温度として 6300 K という値が得られます．

また，「有効温度」という概念を用いて太陽の表面温度を推定する方法もあります．温度 T の黒体表面はその四乗に比例する放射エネルギーを出していることが知られています．太陽の半径を R とし，単位面積当たりの放射エネルギーを σ ワットとすると，有効温度 T_e の太陽の全放射エネルギーは $4\pi R^2\sigma T_\mathrm{e}^4$ と書くことができます．

一方でこのエネルギーは，地球上で太陽に垂直に向き合う単位平面が太陽から受けるエネルギー（太陽定数）にその位置で太陽を取囲む球の全表面積を掛けたものです．この値は，太陽定数を S とし，太陽-地球間距離を R_0 とすると，$4\pi R_0^2 S$ と書くことができます．したがって，$\sigma T_\mathrm{e}^4 R^2 = R_0^2 S$ と書けます．$S = 1.37\,\mathrm{kW/m^2}$，$\sigma = 5.671\times10^{-8}\,\mathrm{W/m^2K^4}$，$R = 6.96\times10^5\,\mathrm{km}$，$R_0 = 1.496\times10^8\,\mathrm{km}$ とすると，太陽の有効温度 T_e として 5800 K という値が得られます．

も近似的には黒体とみなすことができます。

さて、黒体がある温度で熱平衡の状態にあるときには、それが吸収する放射と全く同じ電磁波を外部に放出しますから、黒体は理想的な放射体でもあります。

そこで近似的に黒体とみなせるような電気炉を用いてその温度を変え、窓から出てくる電磁波のエネルギーを波長別に測定（スペクトル測定）してみると、図32・1に示すようにある波長で放射エネルギーが最大になる山形のスペクトル曲線が得られます。

一九〇〇年にドイツの物理学者プランクは、この実験結果を説明することができる黒体放射のエネルギー分布公式を理論的に導くことに成功しました。それが発端になって二十世紀の初頭に量子力学が華々しく展開することになるのですが、ここではプランクの式から出てくる結果、すなわち「黒体の温度と放射エネルギーが最大になる波長とは反比例する」という関係式を用いればよいのです（なおこの結果はすでに一八九三年にウィーンによって導かれており、ウィーンの変位則（前ページ参照）とよばれています）。

参考　恒星の分類――いろいろな恒星の表面温度と明るさの相関

恒星とは天球上でその相対的な位置を変えない星のことをさす名称ですが、惑星と異なりそれぞれが自ら放射光を放つ天体です。肉眼で認めることができる恒星の数は天球全体で六千個ほどだといわれますが、双眼鏡で観察すると五万個以上、口径二・五メートルの天体望遠鏡では十億個以上の恒星が観測されます。

夜空にまばたく星の色は青白、黄色、赤色などさまざまです。このような色の違いはすでに説明したように星の表面温度の違いによるものです。分光器を用いて、これらの恒星からくる光のスペクトル写真をとって見ると、色の違いを表す虹状の連続スペクトルの中に鋭い輝線と吸収線が現れます。

おびただしい数の恒星のスペクトル写真をとって、それらの星を輝線や吸収線の現れ方によって分類するという研究が十九世紀の終わりころに米国で始まりました。その後、根気のいる作業により二十二万個もの星のスペクトル写真が十種類の型に分類されたことによって、恒星の物理的研究は大

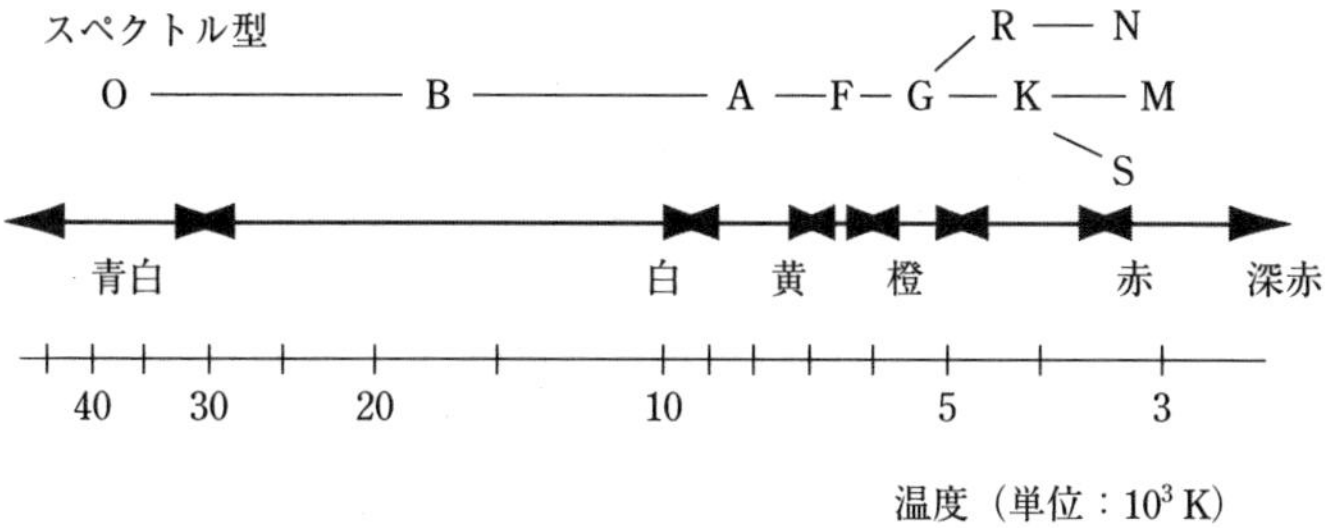

図 32・2　恒星のスペクトルとスペクトルによる分類記号

きく進展しました。分類された記号とそれに対応する星の色と温度は図32・2のとおりです。

この研究をもとにして恒星の明るさと温度の相関を調べる研究が進められました。星の明るさを表すのに「等級」という数値が用いられますが、同じ等級の星でも遠くにある星ほどその放つ光の強さは強いので、星が出している光の強さそのものを比較するためには、それらを同じ距離に置いたとして比較する必要があります。地球からそれぞれの恒星までの距離を測定した後、すべての恒星を十パーセク（三二・六光年）の位置に置いたと仮定して定義される星の明るさが「絶対等級」です。

横軸に温度（スペクトル型による分類に対応して高温から低温へと向かう）をとり、縦軸にはそれぞれの恒星の絶対等級をとって個々の恒星をプロットすると、図32・3のような結果が得られます。この図は、その後の恒星の進化を研究する手がかりを与えるものとなった重要なもので、始めてつくった研究者の名前をとってヘルツシュプルング・ラッセル図（HR図）とよばれています。

図の斜め下方に向かう恒星グループは主系列とよばれ、太陽はほぼその中央に位置しています。上部の横軸と平行に並ぶ恒星群は赤

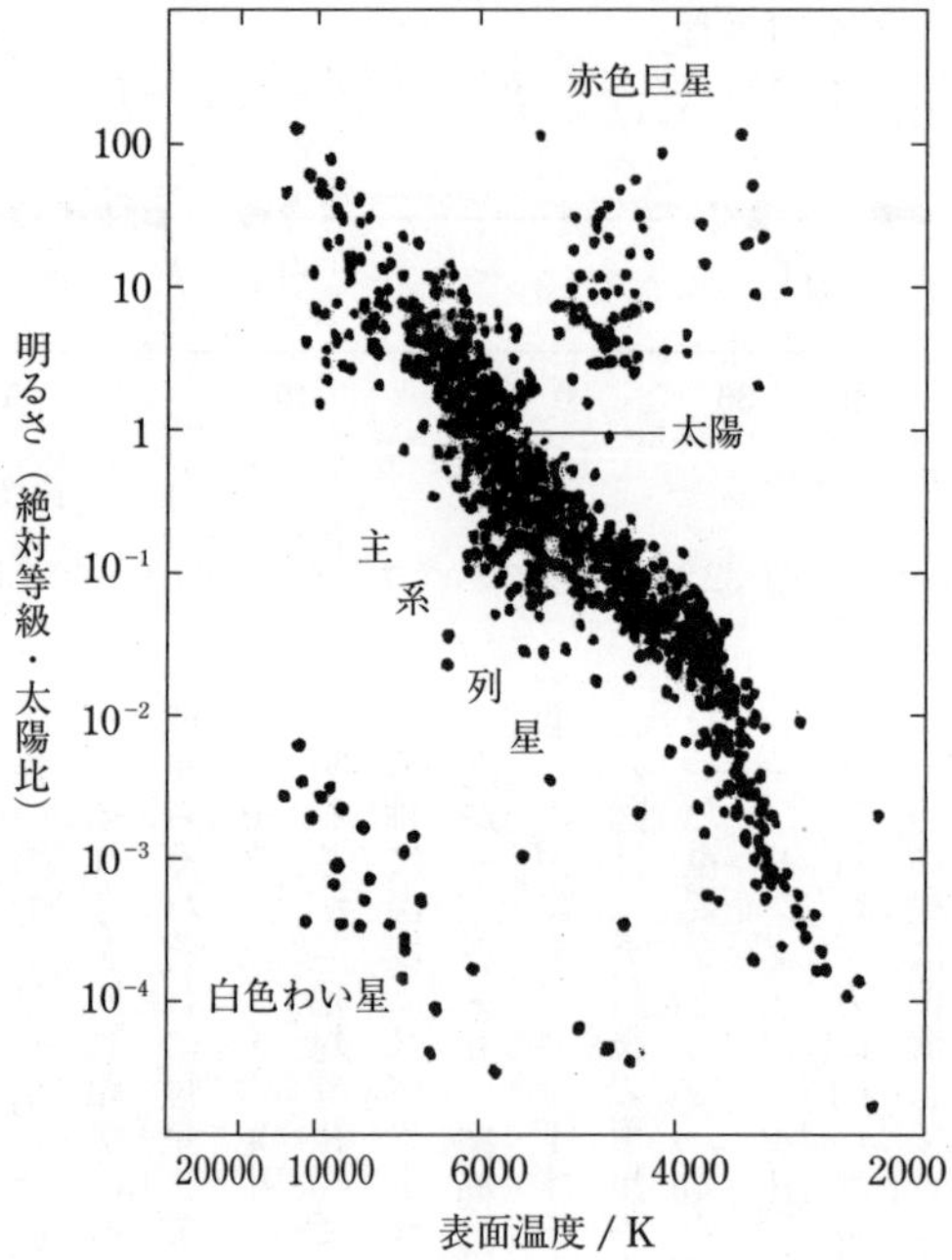

図 32・3　ヘルツシュプルング・ラッセル図(HR 図)

色巨星とよばれる恒星のグループです。赤色巨星の半径は小さいものでも太陽の十倍もあり、大きいものになると数十倍から数百倍にもなります。図の左下にある恒星は、太陽よりも高温でありながら絶対等級が低くて暗い白色わい星です。白色わい星は地球程度の大きさしかありませんが、その質量は太陽ほどもある密度の高い星です。

Q33

宇宙のエントロピーが増え続けるとどうなるか？

〈A〉

最後に身のまわりのエネルギーに含まれる哲学的意味について考えて見ましょう。「行く河の流れは絶えずして、しかももとの水にはあらず」といいますね。「万物は流転する」という言葉もあります。物事は年々変わらないように見えるが、それは定常状態だからであって、本当は常に流れているのだということでしょうか。ところが百五十年ばかり前に、クラウジウスという人がエントロピーという量を思いつき、「全宇宙のエネルギーは一定である。全宇宙のエントロピーは増大する。」と言い出しました。これが厄介なことになりました。前段の「全宇宙のエネルギーは一定」はエネルギー保存則のことですね。エネルギーはいろんな形をとるけれども、全体としては一定である、増えも減りもしないということです（アインシュタインにより $E=mc^2$ が言われる前のことです）。しかし後段の、「エントロピーは常に増大する」は難問です。

まずエントロピーですが、本書ではこれまでにも何度かでてきました。難解な量なのでここでもう一度別の面から考えることにします。エントロピーはエネルギーの「質の悪さ」の程度を表す量であると考えてください。「質の良さ」と言わないのは、伴うエントロピーが大きければ大きいほどエネルギーの質が悪いからです。「質」という言葉はあいまいですが、いろんな形のエネルギーを考えて、その「使いで」のある・なしのことです。電気エネルギー、自動車の運動エネルギー、太陽光エネルギー、石油のエネルギー、風呂の湯のエネルギーなどの質はさまざまの基準で比べることができますが、それらの基準の一つがエントロピーです。質の「良し悪し」には人の価値判断が入ります。たとえば、家庭で使う電気エネルギーは一メガジュール（百万ジュール）あたり六円くらいですが、ガソリンなら四円程度です。これもエネルギーの質に関する一つの判断ですが、客観性に欠けます。これに対してエントロピーは完全に客観的な量だということを説明します。

エントロピーの意味するところはつぎのように考えると納得できるでしょう。二十五℃の部屋に百℃の湯と五十℃の湯があるとき、どちらの「使いで」があるかを考えます。百℃の湯から五十℃の湯をつくるには、単に放冷するだけよいのですが、五十℃の湯を百℃にしようとすると、別にヒーターが必要となります。したがって百℃の湯のほうが「使いで」があります。しかし、仮に室温が百五十℃もあるとどうですか？　きわめて熱いサウナを想像してください。五十℃の湯を百℃にするには、百五十℃の室温から熱を取込むだけでよいですね。しかし百℃の湯を五十℃にするには冷凍機が要ります。したがって五十℃のほうが「使いで」があります。このように同じ五十℃と百℃の湯でも、まわりの温度によって利用価値が違ってきます。

そこで、すべてに共通する「使いで」の基準をつくるにはどうすればよいでしょうか？　できるだけ低い温度の環境において比較する方法が考えられます。つまり絶対零度を基準にします。そうするとその基準で高い温度にある熱のほうが「使いで」があることになります。そこで、ある熱源から取り出された熱量Qを熱源の温度Tで割り算し、その答えQ/Tが「使いでの少なさ」つまり「質の悪さ」を表すと考えることにします。そうすると高温の熱のほうが「使いでがある」ことがうまく表現されています。このように決めたエネルギーの「質の悪さ」がエントロピーです。高温の熱源からやってくる熱のエントロピーは小さく、「質の悪さ」が少ないことになります。エントロピーとはそういう量です。絶対ゼロ度を基準にする温度はケルビン（記号はＫです）という単位で表され、セルシウス（摂氏）温度との関係は〇℃が二七三・一五Ｋに等しいとして決まります。（Ｑ１・Ｑ５を参照して下さい。）

このように決められたエントロピーは時とともに増大し、減少することはありません。それは以下のように証明されます。熱は必ず高温から低温に流れますね。そのとき、全体のエントロピー変化は必ずプラスです。なぜなら、熱量Qが高温T_1の領域を去って、低温T_2の領域に入ると、高温領域からエントロピーQ/T_1をもって出ます。そして低温領域に入るときQ/T_2のエントロピーをもち込みます。T_1はT_2より大きいので、正味のエントロピー変化分（Q/T_2マイナスQ/T_1）はプラスです。このように、熱が伝わると必ずエントロピーが増大します。

現実の世界はいろんな物質がさまざまの温度や圧力の下にあってさまざまの様相を呈しているのですが、温度差があるところには熱流が生じ、あらゆる熱流について必ずエントロピーは増大します。その結果、温度は均一化へと向かいます。このことをアリストテレスの「自然は真空を忌む」になぞって「自然は勾配を忌む」とうまいことを言った研究者もいます。それで全体のエントロピーは必ず増えるのです。クラウジウスの陰うつな言「宇宙のエントロピーは増大し、ついにあらゆる動きが止まる」とはこのような意味です。

熱を受け取ると気体は膨張し、液体は蒸発します。固体の多くはただ温度が上がるだけに終わります。膨張と蒸発には体積増加が伴うので、ピストンを駆動したり、反動でものを動かしたりと仕事をすることができます。上で述べた「使いで」の基準の根底には、熱からどれだけの仕事が取り出せるかということがあります。熱量を絶対温度で割ってエントロピーとしましたね。単に高温の熱ほど「使いで」があることだけならば、熱をたとえば温度の二乗で割ってもよかったのですが、絶対温度そのもので割り算すれば、気体の膨張から取出せる仕事の大きさで熱の「使いで」を表すことができるのです。絶対温度はそのような原理で決まる温度スケールです。

Q31・Q32で見た通り、われわれの地球は太陽から六千ケルビン（K）の温度で熱を受け取り、地表の平均温度三百Kの熱として宇宙に放出します。たいへん質の良いエネルギーを得て、質の悪いエネルギーを放出しているといえます。一般に、「使いで」のあるエネルギーも、そのままでは無駄になります。たとえば、日光がアスファルト道路を暖めている場合です。六千Kの立派なエネルギーが単に蒸し暑いだけの熱エネルギーに劣化します。実際は、地球にやってくる太陽エネルギーの大部分がこのように浪費されています。

植物は太陽エネルギーのごく一部を使って炭水化物を合成します（Q29参照）。われわれはそれを食料としたり、エネルギー資源として利用したりします。太陽熱発電や太陽電池も一部を有用な仕事に変えます。風や、冒頭で述べた河の流水も質の良いエネルギーが劣化する途中の姿ですね。石油と石炭は、過去に太陽から降り注いだ質の良いエネルギーが生物によって利用され、その結果が地下に温存されたものです。地球に生命が生まれてから三十五億年以上が経ったといわれていますが、その間に降り注いだ、エントロピーの小さいエネルギーは莫大な量です。そのごく一部が埋蔵エネルギー資源となったと考えられます。

全体としてみると、地球は太陽から六千Kの温度でエネルギーを受け取り、それをもとにさまざまな自然現象が起こり、また文明を含む生命活動が営まれているのです。そして利用価値の減った温度三百Kのエネルギーが宇宙に出ていきます。天気の良い早朝は放射冷却で気温が低いのはその現れですね。なお地熱は放射性元素に由来するといわれています。核分裂のエネルギーは事実上エントロピーを持たないエネルギーですが、いったん放出されるとやがては「使いで」のない熱エネルギーになります。

エントロピーが増え続けるとどうなるかという問題に戻りますと、太陽が輝き、夜空が放射冷却を許してくれる限り、まだまだエントロピーが増える余地があります。宇宙はビッグバンで始まって、現在ではその残り火が夜空に満ちていますが、残り火といっても二・七K（マイナス二七〇℃）の低温なので、地球の放射冷却を邪魔することはありません。宇宙には太陽のような星が無数にあって、それぞれが猛烈な勢いでエントロピーをつくり出しています。クラウジウスの言ったこと「全宇宙のエントロピーは増え続ける」が実際に起こっているのですが、最終的にいかなることになるかわかっていません。

もう少し知りたい人のための参考図書

『別冊化学 忘れていませんか？ 化学の基礎の基礎』化学同人（一九九四年）［一章Q1］
竹内 薫『熱とはなんだろう（ブルーバックス）』講談社（二〇〇三年）［一章Q4・三章Q13・六章Q23］
メンデルスゾーン（大島恵一訳）『絶対零度への挑戦』講談社（一九七一年）［一章Q6］
和田純夫・大上雅司・根本和昭『単位がわかると物理がわかる』ベレ出版（二〇〇二年）［二章Q7］
滝沢俊治『身近で生きた物理学』新日本出版社（二〇〇四年）［二章Q7・三章Q10］
セグレ（久保亮五・矢崎裕二訳）『古典物理学を作った人々』みすず書房（一九九二年）［三章Q10］
小野 周『エネルギーで語る現代物理学（ブルーバックス）』講談社（一九九二年）［三章Q10］
レイドラー（寺嶋英志訳）『エネルギーの発見』青土社（二〇〇四年）［三章Q10］
トーマス・G・スピロ『地球環境の化学』学会出版センター（二〇〇〇年）［三章Q12］
御代川喜久夫『環境科学の基礎』培風館（二〇〇三年）［三章Q12］
井田徹治『地球の資源ウソ・ホント（ブルーバックス）』講談社（二〇〇一年）［三章Q12］
都筑卓司『マックスウェルの悪魔――確率から物理学へ（ブルーバックス）』講談社（二〇〇二年）［四章Q17］

田中春彦『環境と人にやさしい化学（改訂版）』培風館（二〇〇三年）［五章Q19・Q20］
加藤俊治『身の回りを化学の目で見れば』化学同人（一九八六年）［五章Q20］
本間三郎・山田作衛『電気の謎をさぐる（岩波新書）』岩波書店（一九九四年）［六章］
後藤尚久『電磁波とはなにか（ブルーバックス）』講談社（一九八四年）［六章］
杉田浩一『調理のコツの科学（ブルーバックス）』講談社（一九八九年）［六章Q23］
柳田祥三・松村竹子『化学を変えるマイクロ波熱触媒』化学同人（二〇〇四年）［六章Q24］
細谷政夫・細谷文夫『花火の科学』東海大学出版会（一九九九年）［六章Q25］
今井　功『流体力学』岩波書店（二〇〇三年）［七章Q27］
矢川元基『パソコンで見る流れの科学』（二〇〇二年）［七章Q27］
『よくわかる地球温暖化問題』気候ネットワーク編、中央法規出版（二〇〇二年）［七章Q28］
塚谷恒雄『環境科学の基本　新しいパラダイムは生まれるか』化学同人（一九九七年）［七章Q29］
井熊　均『図解よくわかる　バイオエネルギー』日刊工業新聞社（二〇〇四年）［七章Q30］
磯部秀三『宇宙の仕組み』日本実業出版社（一九九三年）［八章Q31・Q32］
海部宣男『宇宙の謎はどこまで解けたか』新日本出版社（一九九五年）［八章Q31］
海部宣男・長谷川哲夫『ひろがる宇宙（岩波ジュニア科学講座第7巻）』岩波書店（一九九四年）［八章Q31・Q32］

参考資料

高田誠二・大井みさほ『単位のカタログ』新生出版（一九七八年）〔一章Q5〕
高田誠二『熱をはかる』日本規格協会（一九八八年）〔一章Q5〕
中部電力ホームページ「電気を知る学ぶ」http://www.chuden.co.jp/manabu/index.html〔三章Q11〕
水力ドットコム http://www.suiryoku.com/index.html#1〔三章Q11〕
太陽光発電協会ホームページ http://www.jpea.gr.jp/index.html〔三章Q12〕
宇宙航空研究開発機構（JAXA）ホームページ http://www.iat.jaxa.jp/res/fstrc/a03.html〔三章Q13〕
佐藤 功『図解雑学プラスチック』ナツメ社（二〇〇一年）〔四章Q18〕
古賀信吉・鈴木康通・中越裕三・田中春彦「化学カイロにおける鉄の酸化反応の追跡と実験廃棄物中の酸化鉄の還元」化学と教育、第五一巻九号、五六〇ページ（二〇〇三年）〔五章Q19〕
古賀信吉・竹本茂・田中春彦「鉄(II)および鉄(III)イオンの分別定量を用いた化学実験教材(2)スチールウールの燃焼生成物への応用」化学と教育、第四十三巻四号（一九九五年）〔五章Q20〕
下沢 隆、田矢一夫、吉田利久『身のまわりの化学』、裳華房（一九八七年）〔五章Q20〕

高田秋一・吉川光雄『吸収式冷凍機──蒸気吸収冷凍機とガス吸収冷温水機（省エネルギー技術実践シリーズ）』財団法人 省エネルギーセンター（二〇〇四年）［五章Q22］
大森豊明編著『電磁波と食品』、光琳（一九九三年）［六章Q24］
松村竹子、「マイクロ波化学入門（その1）・（その2）」、化学と教育、第五十二巻五号、三四四ページ（二〇〇四年）、第五十二巻六号、四二〇ページ（二〇〇四年）［六章Q24］
"Microwave-Enhanced Chemistry", ed. by H. M. Kingston and S. J. Haswell, American Chemical Society, Washington (1997)［六章Q24］
柳田祥三・松村竹子『化学を変えるマイクロ波熱触媒』化学同人（二〇〇四年）［六章Q24］
山田秀人・綿貫真衣・古賀信吉・田中春彦、「電子レンジを用いた化学カイロ実験廃棄物中の酸化鉄の還元」化学と教育、第五十二巻三号、一八五ページ（二〇〇四年）［六章Q24］
山田秀人・九十九絵理・真子・輝・古賀信吉・田中春彦「家庭用電子レンジを用いた無機固体水和物の脱水反応の再検討」化学と教育、第五十四巻六号、三五二ページ、（二〇〇六年）［六章Q24］
柳田祥三ほか『マイクロ波の新しい工業利用技術』エヌ・ティー・エス（二〇〇三年）［六章Q24］
M. S. Russell, "The Chemistry of Fireworks", The Royal Society of Chemistry (2002)［六章Q25］
小平桂一・日江井栄二郎・堀 源一郎監修『天文の事典』平凡社（一九八七年）［八章Q31・Q32］
会田 勝『大気と放射過程』東京堂出版（一九八二年）［八章Q31・Q32］
田中 済『惑星とその観測』恒星社厚生閣（一九七二年）［八章Q31］
吉岡一男『宇宙の観測』放送大学教育振興会［八章Q31］

吉岡一男『天体物理学入門』放送大学振興会（二〇〇三年）［八章Q32］
弥永昌吉ほか監修『KAGAKU no JITEN』岩波書店（一九六四年）［八章Q32］
小林桂一『恒星の世界』恒星社（一九八四年）［八章Q32］

あとがき

登山をする人は、ふもとでは暑かったのに山頂に着くとひんやりと涼しいという経験をされたことがあると思います。どうして山頂は涼しいのでしょうか。電子レンジで食べ物を温めたり、生魚やケーキを買った際に冷却パックつけてもらった経験はだれにでもあると思います。なぜ電子レンジでものを温めることができ、冷却パックでものを冷やすことができるのでしょうか。

実は、これらにはエネルギーの一種である「熱」がかかわっており、「熱・エネルギーの科学」ですべて説明することができるのです。本書では、日常生活で遭遇するこうしたさまざまな「なぜ」「どうして」にできるだけやさしく答えると同時に、読者に「熱・エネルギーの科学」の面白さや楽しさを味わっていただけるよう心掛けました。

本書は、一般成人の方々に気軽に読んでいただけることを目指して出版されたものですが、高校生、高等専門学校生、大学生等の一般教養書としても役立つものと思います。また、小学校、中学校、高等学校で理科を指導しておられる先生方にもお読みいただき、学校理科の内容の見直しや改善を通して理科離れ対策の一助としていただければ幸いです。

本書は日本熱測定学会の活動の一つとして編纂されたもので、編集委員会には別記の方々に加わっていただきました。取上げる話題が多方面にわたりましたので、日本熱測定学会員の方々に加え、学会員以外の方々にも執筆していただきました。多くの読者に熱・エネルギーについての科学の奥深さや面白みを伝えることができるよう、力をつくしてくださった編集委員、執筆者の皆様に厚くお礼を申し上げます。

なお本書の出版にあたっては、東京化学同人編集部の高林ふじ子氏にたいへんお世話になりましたことを記し、編集委員会を代表して厚く感謝の意を表します。

二〇〇六年八月

田中春彦

執筆者

阿竹　徹　東京工業大学応用セラミックス研究所 教授（Q8）

稲葉　章　大阪大学大学院理学研究科 教授（Q5・6）

稲場秀明　千葉大学教育学部 教授（Q17）

小川英生　東京電機大学理工学部 教授（Q11―13）

小《お》國《ぐに》正晴　東京工業大学大学院理工学研究科 教授（Q3）

木村嘉孝　木村技術事務所 所長（Q23）

古賀信吉　広島大学大学院教育学研究科 助教授（Q24・25）

齋藤一弥　筑波大学大学院数理物質科学研究科 教授（Q2・9）

徂徠道夫　大阪大学名誉教授（Q1・15・21）

滝沢俊治　群馬大学名誉教授（Q7・10・31・32）

田中春彦　広島大学名誉教授（Q19・20）

十《と》時《どき》　稔　滋賀女子短期大学生活学科 教授（Q18）

西薗大《ひろ》実《み》　群馬大学教育学部 助教授（Q28―30）

藤枝修子　お茶の水女子大学名誉教授（Q14）

松尾隆祐　大阪大学名誉教授（Q4・26・27・33）

溝田忠人　山口大学名誉教授（Q16・22）

（五十音順、（　）内は執筆担当箇所）

索　　引

あ　行

赤さび　96
アボガドロ定数　21
アルコール温度計　10
アルコール燃料　65
アルベド　144

一次エネルギー　149, 154
一酸化炭素　102
一酸化二窒素　148
異方性　8

ウィーンの変位則　167

エアコン　79
液化石油ガス　157
液　晶
　——の相転移　108
液　体　73
液体窒素　77
液体ヘリウム　75
SI 単位　34
エチルアルコール　157
HR 図　169
エネルギー　50
エネルギー源　149
エネルギー保存則　18, 50, 171
LP ガス　157
炎　色　129
炎色剤　129
炎色反応　127
遠赤外加熱　118
遠赤外線吸収　119
塩素酸カリウム　131
エントロピー　6, 19, 21, 171

オゾン　148
温室効果ガス　147
温　度　2, 4
温度計
　——の目盛　22

か　行

カイロ　96
過塩素酸カリウム　131
化学反応熱　100
可採年数　152
かさ雲　138
華氏(カ氏)温度目盛　22
華氏温度目盛　24
可視光線　126
ガス・コンバインド発電　155
化石燃料　152, 156
加　熱　105
加熱調理　118
カーボンニュートラル　152
火　薬　128
ガラス　15, 91
　——の酸化物組成と特性　13
ガラス転移　12, 14, 41
ガラス転移点　91
火力発電　59
カルノー効率　59

カロリー　2,33
環境負荷　156

気候変動　143
気　体　73
　——の吸着　110
　——の断熱圧縮　54,81
気体定数　21,136
基底状態　127
吸収式冷凍機　110
吸　着
　気体の——　110
強化ガラス　11,13
凝縮熱　135
極低温　77
巨視的状態　19
金　属
　——の熱伝導　45

空気抵抗
　——による摩擦熱　69
黒さび　99

結　晶　91
ケルビン温度目盛　23,26
原子力　152
原子力発電　60

光合成　150
更新性エネルギー　62
恒　星
　——の分類　168
合成ガス　158
高分子　20,91
氷　9
黒　鉛
　——の熱伝導　46
国際温度目盛　23,26
国際単位系　34
黒色火薬　130
黒体放射　166
コジェネレーション　155
固　体　73
　——の比熱容量　40
ゴ　ム
　——の伸縮　16

さ　行

三フッ化窒素　148

COP　83
磁気転移　107
示強性　2
四元素説　4
仕　事　134
　——と摩擦熱　67
重力加速度　136,137
主系列　169
ジュール　2,32
省エネルギー(省エネ)　153
昇　華　72
蒸気圧　85
硝酸カリウム　131
常磁性体　77
消石灰　100
状態方程式　137
蒸　発　73
蒸発熱　87,139
シリコン　63
示量性　2

水銀温度(体温)計　10
水蒸気
　——の比熱容量　41
水素結合　9,42,122
水力発電　56
スチールウール　103
スペクトル　165

静止摩擦係数　68
成績係数　83
生石灰　100

ゼオライト　114
赤外放射
　地球の――　148
赤色巨星　170
石　炭　152, 156
石　油　152, 156
摂氏(セ氏)温度目盛　22
摂氏温度目盛　25
絶対温度　174
絶対等級　169
絶対零度　27
セルシウス温度目盛　22, 25
ゼロケルビン　27
線膨張係数　8

相転移　106
　液晶の――　108

た　行

大気の窓　148
体積膨張係数　8
代替フロン　148
耐熱ガラス　11
ダイヤモンド
　――の熱伝導　46
太　陽
　――の表面温度　165
太陽エネルギー　143, 149, 160
太陽光発電　62
太陽定数　144, 161
太陽電池　63
太陽熱発電　58
太陽の表面温度　167
太陽放射エネルギー
　惑星の受ける――　162
対　流　44
対流加熱　118
単　位
　熱量の――　32
炭塵爆発　104
炭水化物　150
炭素収支ゼロ　152
断　熱　47
断熱圧縮　81, 139, 141
　気体の――　54
断熱可逆変化　18
断熱消磁　78
断熱変化　18, 140
断熱膨張　76, 141, 142
タンパク質の変性　106

地　球
　――の赤外放射　148
地球温暖化　143
地熱発電　58, 152

定圧熱容量　136
定圧比熱容量　42
低燃費　154
定容比熱容量　42
鉄　96
電　気　56
電気伝導率　45
電磁波　126
電子レンジ　122
伝　道　44
伝導加熱　118
天然ガス　157

等　級　169
動摩擦係数　68

な　行

二酸化炭素　101, 148, 156
二次エネルギー　149

熱　2, 3
熱収縮　8
熱素説　4
熱対流　165

熱伝導　165
　金属の——　45
　黒鉛の——　46
　ダイヤモンドの——　46
熱伝導率　12, 40, 45
熱電併給　155
熱平衡　29
熱放射　165
熱膨張　6
　——の利用　10
熱膨張係数　6, 12
熱容量　35
熱力学　3
熱力学温度目盛　23, 25
熱力学第一法則　18
熱力学第二法則　16
熱力学第三法則　19
熱　量
　——の測定　34
　——の単位　32
燃　焼　101
燃料電池　64

は　行

バイオディーゼル燃料　157
バイオマスエネルギー　156
バイオマス石炭混焼発電　157
ハイブリッド車　155
バイメタル　10
白色わい星　170
発電所　56
発泡スチロール　48
花　火　127

非結晶　91
飛行機の翼　140
微視的状態　19
非　晶　91
BDF　157
ヒートポンプ　79
　固体吸着式——　112
比　熱　36, 37
比熱容量　36, 37

ファーレンハイト温度目盛　22, 24
風力発電　65
フェーン現象　138
複合発電システム　60
輻　射　43
負の熱膨張　6
プルサーマル方式　62
フロギストン説　4
フロン　148
粉塵爆発　104

ペットボトル　89
　——のつくり方　93
　——の熱的性質　91
ヘルツシュプルング・ラッセル図　169
ベルヌーイの定理　140
変化率　135

放　射　44
放射加熱　119
放射パワー　120
放射平衡温度　146
放射冷却　175
ポリエチレンテレフタレート　90
ポリマー　91
ボルツマン定数　21
ボルツマンの式　21
ボルツマン分布　29
保冷剤　72

ま　行

マイクロ波　122, 126
マクスウェル分布　29
マグネトロン　123
摩擦熱　66
　空気抵抗による——　69

摩擦熱（つづき）
　原子・分子の衝突と――　70
　仕事と――　67
魔法瓶　48

水　9
　――の比熱容量　37
　――分子　122
水飲み鳥　85

メタン　148
メタン発酵　158
目　盛
　温度計の――　22

木質ペレット　157

や～わ行

融　点　91
融　解　72
溶　解　73
揚水型発電所　58
四元素説　4

力学的エネルギー　52
リサイクル　155

励起状態　127
冷却剤　75
冷蔵庫　79, 110
冷暖房　79
冷凍機　110
冷　媒　80

六フッ化硫黄　148
露　点　138

惑　星
　――大気の温度　163
　――の受ける太陽放射エネルギー　162
　――の表面温度　162

科学のとびら47

山頂はなぜ涼しいか
熱・エネルギーの科学

二〇〇六年十月五日 第一刷 発行

編 集 日本熱測定学会
発行者 小澤美奈子
発行所 株式会社 東京化学同人
東京都文京区千石三-三六-七(〒一一二-〇〇一一)
電 話 〇三-三九四六-五三一一
FAX 〇三-三九四六-五三一六
印刷 中央印刷(株)・製本 (株)松岳社

 ISBN4-8079-1287-9